U0315687

连铸坯宏观偏析形成及控制数值模拟研究

姜东滨　朱苗勇　张立峰　著

本书数字资源

北　京

冶金工业出版社

2025

内 容 提 要

本书介绍了连铸坯宏观偏析的分布特征及形成机理，重点阐述了宏观偏析模拟的研究进展和控制方法。针对连铸坯宏观偏析缺陷，本书建立了多相多尺度凝固模型，详细研究了热溶质浮力、晶粒沉淀、鼓肚变形、凝固收缩和热收缩等作用下的溶质传输行为，探究不同因素对宏观偏析的影响规律。在坯壳变形条件下，分析了熔体流动和溶质传输行为，重点探讨了辊缝偏差和机械压下对连铸坯偏析演变的作用机制。最后，本书通过工业实验，采用射钉方法确定坯壳厚度，并通过凝固传热模型确定凝固末端位置，优化连铸工艺参数，提高连铸坯的内部质量。

本书主要为连铸坯质量控制研发人员编写，也可供冶金领域的教学、科研、生产、管理人员参考使用。

图书在版编目 (CIP) 数据

连铸坯宏观偏析形成及控制数值模拟研究／姜东滨，朱苗勇，张立峰著 . -- 北京：冶金工业出版社，2025.

1. -- ISBN 978-7-5240-0058-7

Ⅰ. TG245

中国国家版本馆 CIP 数据核字第 2024AK2717 号

连铸坯宏观偏析形成及控制数值模拟研究

出版发行	冶金工业出版社	电　话	(010)64027926
地　　址	北京市东城区嵩祝院北巷 39 号	邮　编	100009
网　　址	www. mip1953. com	电子信箱	service@ mip1953. com

责任编辑　夏小雪　王雨童　美术编辑　吕欣童　版式设计　郑小利
责任校对　梅雨晴　责任印制　禹　蕊
北京捷迅佳彩印刷有限公司印刷
2025 年 1 月第 1 版，2025 年 1 月第 1 次印刷
710mm×1000mm　1/16；8.75 印张；4 彩页；178 千字；130 页
定价 68.00 元

投稿电话　(010)64027932　投稿信箱　tougao@cnmip. com. cn
营销中心电话　(010)64044283
冶金工业出版社天猫旗舰店　yjgycbs. tmall. com
(本书如有印装质量问题，本社营销中心负责退换)

前　　言

　　钢铁材料因具有较高强度、硬度、耐磨性，被广泛应用于机械制造、交通运输、石油化工等领域。工业生产中，高温钢液通过连铸或模铸工艺实现冷却凝固，因连铸生产工艺具有机械化、自动化、信息化程度高的优势，从 2013 年以来国内连铸比达到 98%，已成为钢铁材料制造的必要环节。在连铸凝固过程中，由于溶质元素在固液相中的溶解度差异和固液相间相对流动作用，导致连铸坯普遍存在宏观偏析缺陷。宏观偏析缺陷在均热过程中基本无法消除，并在轧制过程中遗传至轧材芯部，形成带状组织缺陷，显著降低轧材的力学性能和稳定性。尤其是连铸坯中心偏析缺陷，如方坯中心偏析导致线材在拉拔过程中断裂，板坯中心偏析导致板材的分层报废。长期以来，连铸坯宏观偏析缺陷得到众多研究学者的广泛关注，提出了多种控制方法，如低过热度浇铸技术、热压下技术、电磁搅拌技术、电磁振荡技术、机械压下技术等。在工业生产过程中，以电磁搅拌技术和机械压下技术的应用最为广泛。

　　本书共 5 章，分别介绍了连铸坯宏观偏析缺陷的特征及模型研究进展、连铸多相凝固模型的建立和宏观偏析的形成机理、连铸机辊缝对连铸坯宏观偏析的影响、连铸机械压下对中心偏析的影响规律以及连铸坯宏观偏析控制的生产实践。主要内容如下：

　　第 1 章介绍了连铸坯宏观偏析缺陷的特征及模型研究进展，分析了溶质元素的分布特征和常见的表征方法。针对宏观偏析缺陷，众多学者进行了广泛研究并提出了多种理论进行解释说明，如热溶质浮力理论、枝晶搭桥理论、凝固收缩理论、鼓肚变形理论、热收缩理论等。连铸坯宏观偏析起源于微观偏析，是由于在微观尺度范围内固液相间溶质浓度差异引起溶质元素的大范围迁移，导致溶质不均匀分布。为了描述宏观偏析分布，学者们提出了理论解析模型和数值计算模型，其中数值计算模型主要有连续介质模型、多相凝固模型和 CA-FE 模型等，通过模拟计算获得连铸凝固过程中溶质元素的分布。针对连铸坯宏观偏析缺陷控制，着重阐述了电磁搅拌技术和机械压下技术，并对其发展历程进行了叙述。

第 2 章介绍了连铸多相凝固模型的建立和宏观偏析的形成机理。在多相凝固模型中，将液相、柱状晶相、等轴晶相分开处理，通过相间作用系数或源项方法考虑固液相间的相互作用，耦合微观晶粒形核生长与宏观熔体流动、传热行为，建立了连铸沿拉坯方向的二维凝固偏析模型。通过多相凝固模型计算，详细分析了连铸过程中凝固传热、熔体流动及溶质偏析行为，并探究了凝固收缩、热收缩、鼓肚变形、热溶质浮力和晶粒沉淀作用下两相区的熔体流动和溶质的分布特征，得到了不同因素对连铸坯中心偏析的影响规律。

第 3 章介绍了连铸机辊缝对连铸坯宏观偏析的影响。由于辊缝偏差在板坯连铸过程中广泛存在，尤其是动态轻压下的使用使得辊缝随连铸坯凝固末端位置的移动实时发生变化。由于液压缸移动时存在行程差，因此辊缝调节过程中会存在一定偏差。在生产中，为了控制辊缝偏差量，连铸作业后可采用辊缝仪对连铸机辊缝进行测量，以获得当前辊缝偏差，从而对连铸机辊缝进行调整。当前，分析研究连铸机辊缝偏差对连铸坯中心偏析影响的研究很少。本章通过建立三维连铸多相凝固模型，并耦合坯壳变形模型，研究辊缝偏差条件下两相区偏析熔体流动的特征，揭示了不同辊缝偏差量和偏差位置对连铸坯溶质偏析的影响规律。

第 4 章介绍了连铸机械压下对中心偏析的影响规律。机械压下技术在连铸过程中被广泛采用，而当前的模拟研究主要局限在二维尺度，尚无法考虑连铸坯宽度方向上的熔体流动行为。本章在建立的三维连铸多相凝固模型基础上，进一步耦合机械压下模型，分析坯壳挤压变形条件下两相区的熔体流动和溶质迁移行为，分析压下量和压下区间对连铸坯宽面中心和四分之一位置处溶质偏析的影响，得到连铸机械压下的作用规律，为提高连铸坯内部质量控制奠定理论基础。

第5章介绍了连铸坯宏观偏析控制的生产实践。在工业生产过程中，为了获得坯壳厚度和连铸坯凝固进程，可通过测温法或射钉法获得数据验证凝固传热模型，计算分析连铸坯凝固末端位置。通过调整工艺参数，优化机械压下区间和压下量，在最佳位置通过扇形段进行压下，驱动连铸坯两相区溶质元素的重新分布，以降低连铸坯中心偏析缺陷，实现高品质钢的连铸工业生产。

本书在撰写过程中，参考了有关文献资料，在此向相关文献的作者表示衷心的感谢。同时，感谢北方工业大学、北京科技大学、燕山大学高钢中心（HSC）对本书出版给予的大力支持。感谢东北大学先进冶炼-连铸工艺与装备研究所（ASC）在本书撰写过程中提供的帮助。

由于作者学识有限，书中不妥之处，恳请广大读者批评指正。

姜东滨　朱苗勇　张立峰

2024 年 9 月

目　　录

1　连铸坯宏观偏析缺陷

钢铁材料以固态形式广泛应用于国民经济的各个领域，而在工业生产中，钢液需通过连铸或模铸方式实现冷却凝固。与模铸生产工艺相比，连铸生产工艺具有流程短、金属收得率高、生产效率高、能源消耗低、生产过程易于实现自动化等优势[1]。自 1951 年苏联红十月钢厂工业化生产以来，连铸工艺已发展成为集机械化、自动化、信息化、智能化等多种技术于一体的工业技术。连铸坯产量占钢总产量的百分比（连铸比）从 20 世纪 70 年代的 4% 快速上升至 2000 年的 85.3%，并在 2013 年后基本稳定在 98% 附近[2]。目前，连铸工艺已成为钢铁材料生产的主要方式。

在连铸过程中，高温钢水通过浸入式水口注入结晶器中，受结晶器铜板冷却作用，钢水表面温度迅速降低，形成初始凝固坯壳。在拉矫机的作用下，初始凝固的连铸坯逐渐被拉出，进入二冷区，通过表面喷水（雾）冷却，芯部热量散失，连铸坯逐渐完成凝固进程。由于溶质元素在液相和固相中的化学势差异，负偏析的溶质元素不断从固相中排出，富集于枝晶间的液相，形成微观偏析。在热溶质浮力、晶粒沉淀、凝固收缩、热收缩、鼓肚变形等外力的驱动下，溶质富集的液相与贫瘠的固相发生相对移动，促使溶质元素长距离迁移，从而导致较大范围内元素含量波动，形成宏观偏析缺陷，如图 1-1 所示。

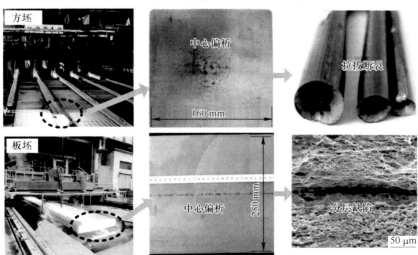

图 1-1　连铸坯偏析及轧材缺陷[4]

在后续的轧制和热处理过程中，连铸坯的宏观偏析缺陷无法彻底消除，严重影响钢材的力学性能和稳定性[3]。例如，方坯中心偏析在线材轧制过程中极易造成杯锥状断裂，严重的板坯中心偏析甚至会导致板材分层报废。

近年来，随着机械制造、交通运输、石油化工等高端钢材的开发，对连铸坯内部质量提出了更严格的要求，而获得均质化的连铸坯已成为制约高端钢材开发和应用的关键。

1.1 宏观偏析分布特征及表征方法

1.1.1 宏观偏析分布特征

连铸坯的宏观偏析源于微观偏析缺陷，凝固过程中由于溶质元素在固、液相中的溶解度不同，溶质元素从固相排出并富集于枝晶间的液相。在凝固过程中，受到热溶质浮力、晶粒沉淀、凝固收缩等外力作用，溶质富集的液相与贫瘠的固相发生相对移动，促使偏析溶质元素大范围迁移，最终在连铸坯中形成宏观尺度的偏析缺陷，如图1-2所示，从图中可以清晰看到连铸坯芯部附近存在明显的偏析缺陷。

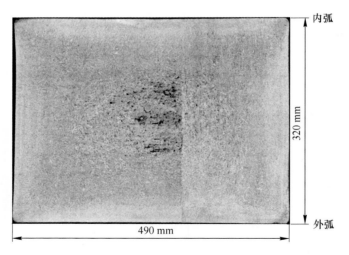

图1-2   连铸坯横断面低倍腐蚀[5]

进一步分析发现，连铸坯芯部存在多个大尺寸的偏析斑点，尤其在连铸坯中心，偏析斑点尺寸最大，能够达到毫米级别。使用电子探针对芯部附近的偏析斑点进行元素扫描后发现，偏析斑点处的溶质含量相对较高，而偏析斑点附近的枝晶结构溶质含量相对较低，如图1-3所示，枝晶结构与溶质偏析呈现出一一对应的关系。由于溶质元素在固液相间的分配系数不同，C、Cr、Mn元素偏析程度存在一定差异，但在偏析斑点处均表现为溶质富集的现象。

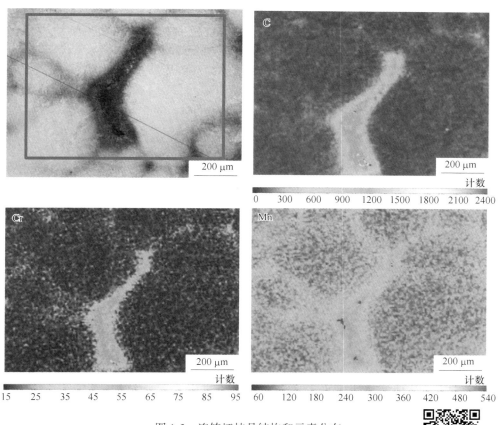

图 1-3　连铸坯枝晶结构和元素分布

图 1-3 彩图

在实际生产中，微观元素偏析分布尺寸较小，连铸坯在均热处理过程中能够使溶质充分扩散，对轧材的影响较小。而连铸坯宏观偏析缺陷一旦形成，在均热处理过程中基本无法消除，并在轧制过程中遗传至轧材芯部，形成粗大的带状组织缺陷，对轧材的力学性能和产品稳定性产生很大影响。长期以来，宏观偏析缺陷得到了国外学者的广泛关注。

1.1.2　宏观偏析表征方法

针对连铸坯宏观偏析缺陷，传统方法是通过酸洗腐蚀进行定性分析。这种方法快速直观，在实际生产中被广泛应用，但该方法无法定量分析元素的偏析程度。为了解决这个难题，学者提出了多种表征方法，如金属原位分析法、直读光谱分析法、钻孔取样分析法。

1.1.2.1　金属原位分析法

金属原位分析法的原理是通过激发火花放电，在样品表面产生光谱信号，通过信号放大和数据采集，得到样品表面不同位置的化学成分含量，从而实现成分和表面状态的定量检测。金属原位分析法可以用于检测元素偏析、疏松缩孔、夹杂物等缺陷。根据样品要求，将连铸坯通过锯床和磨床加工，采用线切割方法将其沿厚度方向分为三部分，分别是内弧侧、中心部分、外弧侧，样品尺寸为（100~110）mm×80 mm×30 mm，取样如图1-4所示。

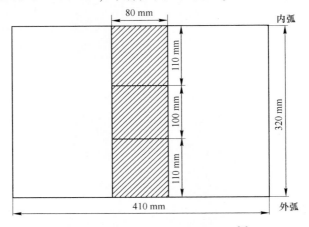

图1-4　金属原位分析取样示意图[5]

使用原位分析仪对样品表面进行检测扫描，获得不同元素的分布特征。图1-5为连铸坯内弧侧、芯部、外弧侧的C元素面扫描图。随着距连铸坯表面距离的增加，C元素含量逐渐增大，但规律不太明显，主要是因为C是轻质元素，金属原位分析精度较低。然而，铸坯中心区域存在明显的C元素偏析斑点，中心偏析区域四周分布着负偏析区域，这主要受到连铸坯凝固末端补缩行为的影响，导致溶质富集的液相在铸坯中心聚集。铸坯芯部C元素含量（质量分数）的最大值为2.208%，最小值为0.632%。在距离表层约40 mm处，连铸坯的偏析程度相对较小，主要是因为此处的冷却速率相对较快，导致枝晶结构更为致密。

图1-6为连铸坯中Mn元素的分布特征。可以看出，在距离铸坯表面40 mm范围内，溶质含量相对较低，元素偏析程度相对较小；而随着距铸坯表面距离的增加，Mn元素含量明显增大，并在铸坯芯部形成明显的偏析缺陷。铸坯芯部Mn元素含量的最大值为1.864%，最小值为0.666%。与C元素偏析相比，Mn的偏析程度较弱，主要是因为Mn元素分配系数较大，从固相排出的溶质较少。通过上述检测分析可以看出，Mn元素的偏析分布呈现较好的规律性，而C元素的规律性较差。

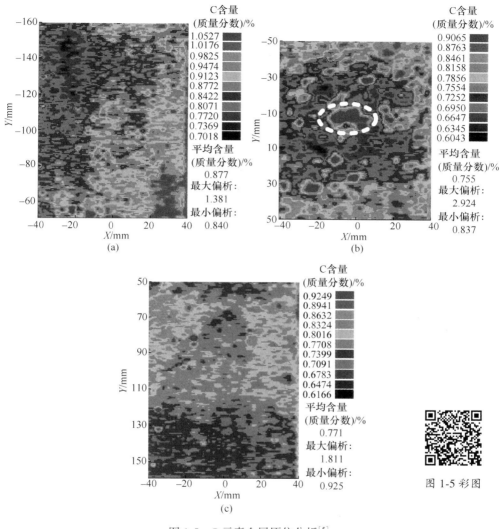

图 1-5 C 元素金属原位分析[5]

（a）内弧侧；（b）芯部；（c）外弧侧

1.1.2.2 直读光谱分析法

直读光谱基于原子发射光谱学的原理。当样品受到外部能量激发时，原子内部电子获得足够的能量，从基态跃迁至激发态。当激发态原子回到基态时会释放能量，发射出特征光谱。通过收集这些光谱并利用算法进行解析，可以确定样品中的元素种类和含量。直读光谱分析法能够对试样表面进行直接检测，具有检测反应速度快、精度高、对样品要求低等优势，近年来受到了冶金行业工作人员的

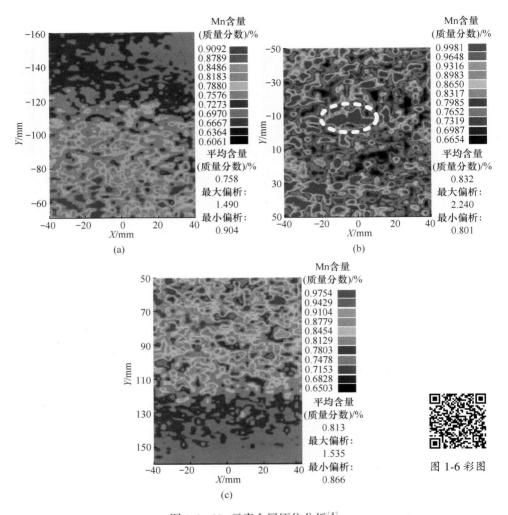

图 1-6　Mn 元素金属原位分析[5]

（a）内弧侧；（b）芯部；（c）外弧侧

广泛青睐。根据检测的要求，在连铸坯中心部分取宽度为 30 mm 的试样，如图 1-7 所示。在试样上每隔 10 mm 采用光谱仪器进行检测，以获得不同位置的元素含量。

　　图 1-8 为直读光谱对 C 元素和 Mn 元素的检测结果。铸坯表面附近表现为负偏析，这主要是由于结晶器内钢液流动，促进了两相区的溶质传输，造成坯壳附近溶质含量相对较低。随着距表面距离的增加，溶质元素含量不断波动。连铸坯中心为正偏析，中心两侧为负偏析，这是典型的连铸坯中心偏析的分布特征。C 元素与 Mn 元素的分布特征相似，Mn 元素的偏析程度相对较弱，偏析指数在 0.95～1.05

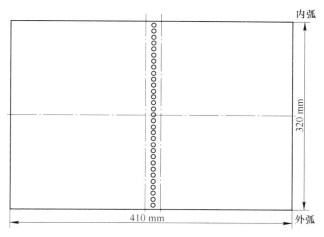

图 1-7 直读光谱检测方案[5]

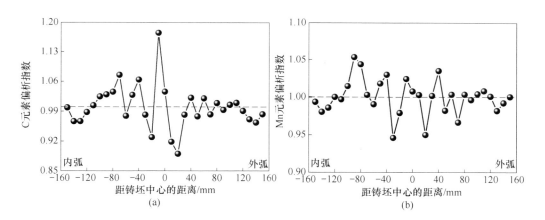

图 1-8 直读光谱分析法检测的连铸坯元素偏析分布[5]

(a) C 元素;(b) Mn 元素

范围内波动。因此,通过直读光谱分析法能够有效获得元素的偏析分布。

1.1.2.3 钻孔取样分析法

钻孔取样分析法是通过钻头在试样表面进行钻孔,获得钢屑试样,对钢屑试样进行检测分析,以得到不同位置处的元素成分含量。由于操作简单,该方法长期以来被冶金行业研究人员广泛采用。然而,在获得钢屑的过程中,钻头不可避免地会出现磨损,尤其是在高强耐磨钢、轴承钢等硬度较大的钢种中,钻头磨损较为严重。常规钻头为高碳、高合金材质,钻头的磨损碎屑可能混入检测试样中，造成元素含量波动。

在研究过程中，使用直径为 5 mm 的钻头，从连铸坯内弧侧至外弧侧每隔 10 mm 进行钻孔取样。获得钢屑试样后，采用碳硫分析仪检测 C 元素含量，并采用化学分析法检测 Mn 元素含量。图 1-9 为 C 元素和 Mn 元素在连铸坯厚度方向的分布。可以看出，在铸坯表层附近存在一定的负偏析，这主要是受结晶器钢液流动的影响。在凝固后期，由于凝固收缩导致芯部液相被抽吸至中心，铸坯中心出现正偏析，而中心两侧为负偏析。Mn 元素通过化学检测获得的偏析指数波动较小，分布规律表现不明显，这表明钻孔取样分析法和化学检测法不适合 Mn 元素偏析的分析。但通过碳硫分析，能够检测 C 元素的分布。

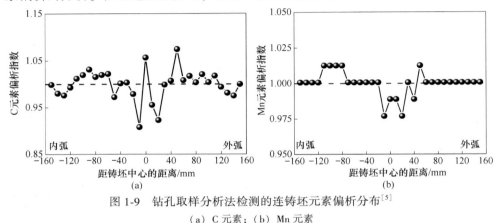

图 1-9　钻孔取样分析法检测的连铸坯元素偏析分布[5]
（a）C 元素；（b）Mn 元素

对于连铸坯宏观元素偏析的表征方法，不同溶质元素应采用不同的方法检测。对于 C 元素偏析而言，因其原子序数较小，属于轻质元素，原位分析的检测效果较差，钻孔取样分析法和直读光谱分析法均可以反映 C 元素的偏析程度。由于铸坯中心存在枝晶搭桥和疏松缩孔，检测结果可能存在一定偏差，但仍能够反映偏析程度。针对 Mn 元素偏析，钻孔取样分析法和化学分析法无法有效反映其偏析程度，而采用直读光谱分析法和原位分析法能够较好地反映 Mn 元素的偏析分布规律。与 C 元素偏析相比，Mn 元素偏析程度相对较弱，这主要是由于其固液分配系数不同导致。

1.2　宏观偏析形成理论

连铸坯的宏观偏析缺陷在后续轧制和热处理过程中难以完全消除，且会遗传至轧材，影响产品的力学性能和稳定性。长期以来，国内外学者对宏观偏析的产生机理进行了大量研究，提出了如热溶质浮力驱动液相流动、枝晶搭桥、凝固收缩、坯壳鼓肚变形、热收缩等理论。

1.2.1　热溶质浮力理论

钢在凝固程中，由于溶质元素（C、P、S 等）在固相和液相中溶解度的差异，会不断从固相中排出并富集于液相。在热浮力和溶质浮力的作用下，排出的溶质元素随液相流动传输，随着凝固的进行逐渐富集于液相穴中，最终在连铸坯中心产生偏析缺陷。Aboutalebi 等[6]模拟研究了 Fe-C 合金连铸凝固过程，分析了热浮力和溶质浮力作用下的凝固传热、流体流动、溶质传输行为。随着凝固的进行，溶质元素逐渐聚集于中心形成偏析，但连铸坯中心边缘附近的负偏析区域未出现。Yang 等[7]考察了热浮力和溶质浮力对连铸溶质传输行为的影响，指出溶质元素的分布受液相流动影响较大，溶质固液分配系数决定了宏观偏析程度。随着铸坯凝固的进行，溶质元素逐渐从固相排出并富集于液相。然而，由于模型计算区域有限，未能获得凝固终点的溶质分布特征。李中原和赵九洲[8]模拟研究了薄板坯连铸的凝固过程，认为液相穴的钢液流动对凝固传热和溶质传输产生了显著影响，且随着连铸坯凝固进行，溶质元素逐渐聚集于连铸坯中心区域，形成宏观偏析。张家全团队[9]采用连续介质模型模拟了大方坯连铸凝固过程中的传输行为，研究了热溶质浮力对液相流动和溶质偏析的影响。研究表明，固相中排出的溶质元素随着熔体流动逐渐富集于液相，由于模型考虑了连铸机弧度的影响，溶质偏析区域偏离了连铸坯几何中心。张立峰团队[10]建立了三维全连铸凝固模型，定量预测了连铸坯溶质偏析的分布特征，如图 1-10 所示，溶质偏析预测结果与实验测量结果吻合较好。由于浸入式水口流出的钢液对初始凝固坯壳的冲刷，连铸坯边部形成负偏析。随着凝固的进行，溶质元素逐渐向液相穴富集，并在连铸坯的凝固终点形成正偏析缺陷。

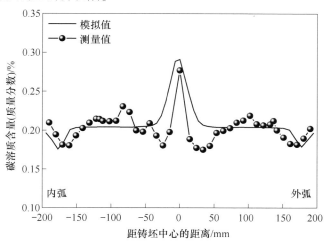

图 1-10　连铸坯碳偏析模拟值和测量值[10]

1.2.2　枝晶搭桥与凝固收缩理论

连铸冷却过程中，部分柱状晶过度发育，如图 1-11 所示，在铸坯中心附近形成了枝晶搭桥现象。后续凝固过程中由于受到体积收缩的影响，两相区溶质富集的液相被抽吸至中心区域，最终形成中心偏析缺陷。Murao 等[11]通过设定特定的初始条件和边界条件，研究了枝晶搭桥对元素偏析的影响。研究指出，在枝晶搭桥底部会形成负压，抽吸附近两相区中溶质富集的液相向中心流动。因此，在枝晶搭桥底部形成正偏析，而在搭桥顶部形成负偏析。在此研究基础上，他们认为连铸坯中心偏析是凝固不稳定性引发的枝晶搭桥及凝固收缩共同作用的结果。Suzuki[12]对连铸坯试样进行收集，分析了铸坯凝固组织与中心偏析的对应关系。研究发现，在非稳态连铸凝固过程中，部分柱状晶生长速率较快，导致等轴晶在柱状晶尖端累积，形成枝晶搭桥。在枝晶搭桥底部形成孔洞，枝晶间富集溶质的液相向中心流动形成偏析，并在枝晶搭桥附近形成 V 形偏析。此外，由于凝固收缩不能完全得到液相补充，铸坯中心还会形成缩孔缺陷。

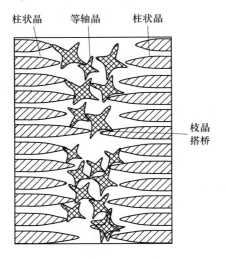

图 1-11　铸坯凝固搭桥现象

1.2.3　鼓肚变形理论

连铸坯从结晶器拉出并进入二冷区，在通过支撑辊时，凝固的坯壳会发生周期性的鼓肚变形，这种变形促进两相区内固相和液相的相对移动，使得固相排出的溶质元素向液相穴传输，最终在连铸坯凝固末期形成中心偏析。在此方面，Miyazawa 和 Schwerdtfeger[13]首次研究了连铸坯鼓肚变形对溶质偏析的影响。他们将连铸坯表面的变形速度假定为最大变形量、拉坯速度和支撑辊间距的函数，分析坯壳变形对两相区液相流动和溶质传输行为的影响，认为鼓肚变形是板坯形成中心偏析和边缘负偏析的主要原因。Kajatani 等[14]建立了有限体积与有限元耦合模型，基于拉格朗日方法研究了连铸坯在支撑辊间的鼓肚行为。他们分析了固相变形过程中的溶质传输和液相流动，指出连铸坯凝固末期支撑辊间的坯壳鼓肚变形促进了中心偏析的形成，而凝固收缩则导致了中心负偏析的形成。Mayer等[15-16]采用体积平均法建立了板坯连铸二维凝固模型，并引用了 Miyazawa 提出的坯壳鼓肚和两相区固相变形的速度关系式，分别研究了凝固收缩、鼓肚变形以及在两者综合作用下的液相流动和溶质传输行为，其认为坯壳鼓肚变形是促进中心偏析的主导因素，如图 1-12 所示。Fachinotti 和 Corre[16]则通过黏塑性模型研究了固相枝晶网络的变形行为，并将枝晶间的液相视为牛顿流体，模拟了板坯连铸凝固过程中支撑辊作用下两相区的液相抽吸或排挤行为。他们同样认为，鼓肚变形是造成铸坯中心偏析的主要因素。

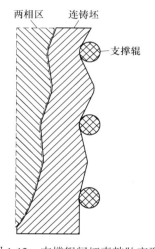

图 1-12　支撑辊间坯壳鼓肚变形

1.2.4　热收缩理论

钢在凝固过程中，密度随着温度的降低而升高，导致固相发生线性收缩或体积收缩，促进固相枝晶与溶质富集的液相发生相对流动，最终导致连铸坯中心偏析的形成，如图 1-13 所示。Lesoult 和 Sella[17]认为鼓肚变形并非宏观偏析形成的主要原因，并提出了固相热收缩理论，推导了两相区热变形条件下的传输方程，指出连铸坯在凝固末期冷却速率较快，导致凝固坯壳发生热收缩，使凝固终点推移，从而促进了中心偏析的形成。Janssen 等[18]将整个连铸坯划分为多个区域，并分开处理。通过改变固相密度考虑两相区的热收缩行为，并假定凝固终点附近存在管状未凝固区以补充凝固末端收缩。研究认为，连铸凝固中两相区的热收缩是导致铸坯宏观偏析形成的主要原因。Raihle 和 Fredriksson[19]通过铸锭凝固实验模拟了连铸过程，并建立数学模型，分析冷却工艺参数对中心缩孔的影响。他们认为，连铸坯凝固终点处中心温度的降低引起了体积收缩，导致凝固相从连铸坯中心分离，形成管状的孔洞。在负压抽吸作用下，溶质富集的液相进入连铸坯中心形成偏析缺陷。El-Bealy[20]建立了描述枝晶应变速率和溶质偏析的模型，分析了热收缩对溶质偏析的影响，通过设定不同的冷却速率模拟连铸凝固过程，研究发现冷却条件对枝晶变形影响很大，从而影响了溶质偏析的形成。

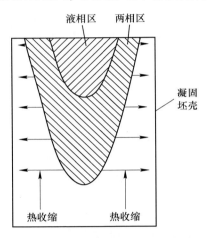

图 1-13　连铸坯芯部的热收缩行为

目前，国内外多数学者认为，鼓肚变形引起的液相流动是造成连铸坯中心偏析的主要原因[21]，与此同时，枝晶搭桥与凝固收缩理论、热收缩理论、热溶质浮力驱动液相流动等理论也被广泛讨论。然而，关于铸坯中心偏析的形成机理仍然没有统一的认识，相关的理论研究仍在继续进行。

1.3　宏观偏析模型的研究进展

为了描述连铸凝固过程中偏析的特征，目前主要有两种模型：理论解析模型和数值计算模型。理论解析模型是对特定情况简化并进行理论推导，得出溶质偏析的计算公式。数值计算模型则采用有限差分、有限体积、有限元等方法，对控制域内的溶质传输控制方程进行离散化，计算得到溶质浓度的连续分布，进而研究连铸凝固过程中溶质偏析的分布特征。

1.3.1　理论解析模型

溶质偏析解析模型是通过对溶质控制方程中的反扩散项进行简化处理，从而获得固液界面处的溶质浓度。为了描述溶质偏析分布，Martorano 和 Capocchi[22] 进行了大量的研究工作，针对二元合金的凝固偏析提出了以下假设：

（1）固液界面附近的溶质处于平衡分配的状态；

（2）物理属性保持恒定，且密度相等；

（3）忽略凝固界面前沿的形核过冷、曲率过冷和液相流动的影响；

（4）枝晶以平板状生长；

（5）计算域固定，且为封闭系统；

（6）计算域内温度分布均匀；

（7）相图的固、液相线斜率为定值。

基于溶质元素在固相中扩散处理的方法，目前主要有三种类型的理论解析模型[23]。

1.3.1.1　Lever 模型（固相和液相溶质完全扩散）

Lever 模型假设溶质元素在固相和液相中完全扩散，因而不存在溶质梯度。假设固、液界面处的溶质浓度处于平衡状态，已知溶质元素在固相和液相中分配系数为 K_i，根据质量守恒定律，如式（1-1）和式（1-2）所示。通过推导，可以获得固液溶质浓度随固相体积分数的变化，如式（1-3）所示：

$$f_l c_{l,i} + f_s c_{s,i} = c_{0,i} \tag{1-1}$$

$$K_i = \frac{c_{s,i}}{c_{l,i}} \tag{1-2}$$

$$c_{l,i} = \frac{c_{0,i}}{1 - (1 - K_i) f_s} \tag{1-3}$$

式中，$c_{l,i}$ 和 $c_{s,i}$ 分别为溶质元素在液相和固相中的溶质浓度（质量分数），%；$c_{0,i}$ 为溶质的初始浓度（质量分数），%；f_l 和 f_s 分别为液相体积分数和固相体积分数。

Lever 模型适用于平衡凝固，即当局部凝固时间足够长，固相溶质扩散系数 D_s 足够大时，溶质在固液两相中能够充分扩散。

1.3.1.2　Scheil 模型（固相溶质无扩散，液相溶质充分扩散）

Scheil 模型假设固相中溶质无扩散，液相中的溶质完全扩散，固液界面处于平衡状态，溶质浓度在液相中的变化可通过式（1-4）表述：

$$c_{l,i} = \frac{c_{0,i}}{(1 - f_s)^{1 - K_i}} \tag{1-4}$$

随着凝固进行，当固相体积分数逐渐接近 1 时，液相中的溶质浓度很高。因此，Scheil 模型不适合描述凝固终点的液相溶质浓度。Ohnaka[24] 对该模型进行了深入分析，引入液相流动的影响，对式（1-4）进行修正，如式（1-5）所示：

$$c_{1,i} = \frac{c_{0,i}}{(1 - f_s)^{(1 - K_i)/\varepsilon}} \qquad (1-5)$$

式中，ε 为影响因子，取决于流动影响因素。

1.3.1.3　Brody-Flemings（BF）模型（固相溶质有限扩散，液相溶质充分扩散）[25]

在凝固过程中，溶质元素在固相中有限扩散，并受到固相溶质反扩散、固相尺寸和形貌、枝晶粗化等因素的影响。BF 模型认为二元合金的凝固过程与 Lever 模型和 Scheil 模型并不完全一致，而是介于两种模型之间。Brody 和 Flemings 在考虑固相溶质反扩散的基础上，假设枝晶形貌为平板状，并以抛物线形凝固生长速率，建立了元素偏析模型，液相溶质浓度如式（1-6）所示：

$$c_{1,i} = c_{0,i}\big[1 - (1 - \varPhi K_i)f_s\big]^{\frac{K_i - 1}{1 - \varPhi K_i}} \qquad (1-6)$$

式中，$\varPhi$ 为无量纲反扩散因子，在 BF 模型中 $\varPhi = 2\alpha$，α 为溶质傅里叶数。通过式（1-7）可确定 α：

$$\alpha = \frac{D_{s,i} t_f}{L^2} \qquad (1-7)$$

式中，$D_{s,i}$ 为溶质元素在固相中的扩散速度，m^2/s；t_f 为局部凝固时间，s；L 为溶质扩散长度，m。

当溶质元素在固相中无扩散时，即扩散系数为 0，同时 α 和 $\varPhi$ 为 0，此时 BF 模型简化为 Scheil 模型；当溶质元素在固相中扩散速度很快时，$\varPhi$ 为 1，BF 模型则简化为 Lever 模型。因此，BF 模型可以更为全面地反映溶质偏析行为。图 1-14 展示了不同模型预测的液相浓度分布，模型中碳初始浓度（质量分数）为 0.17%，固液相分配系数为 0.34，BF 模型中的无量纲反扩散因子 $\varPhi$ 假设为 0.4。通过模型计算，Lever 模型预测的液相浓度最低，而 Scheil 模型预测的液相浓度最高，BF 模型的预测结果介于两者之间。

当溶质傅里叶数较大时（$\alpha > 0.5$），可能会导致溶质元素不守恒，此种情况没有实际的物理意义。很多学者对 BF 模型进行深入研究，并进行了修正，其中 Clyne 等[26]对无量纲反扩散因子进行修正，从而保证当傅里叶数较大时，BF 模型仍具有物理意义，并提出了 CK 模型，如式（1-8）所示：

$$\varPhi = 2\alpha\big[1 - \exp(-1/\alpha)\big] - \exp\big[-1/(2\alpha)\big] \qquad (1-8)$$

Ohnaka[27]假设固相溶质呈抛物线分布，液相中的溶质均匀混合，同时考虑枝晶生长形貌的影响，将横截面简化为六边形或四边形。与 Clyne 等提出的模型相比，Voller[28]在未给定凝固生长速率和固相溶质浓度分布的条件下，提出了无量纲反扩散因子，如式（1-9）所示：

$$\Phi = \frac{\theta\alpha}{\alpha + \theta f_s (\mathrm{d}f_s / \mathrm{d}\eta)}$$ （1-9）

式中，θ 为积分参数；η 为无量纲时间。

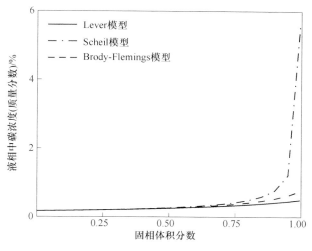

图 1-14　不同模型的液相溶质浓度

与此同时，很多研究学者对反扩散系数进行深入研究，如 Nastac 和 Stefanescu[29]，Wang 和 Beckermann[30] 等都提出不同的无量纲反扩散因子表达式，在此不再详细叙述。

1.3.2　数值计算模型

溶质偏析理论模型主要描述了溶质元素随固相体积分数变化的特征，但在连铸过程中溶质分布受到多种因素影响，理论解析模型难以准确描述连铸坯的溶质偏析分布。在连铸过程中，铸坯的液相穴长度为十几米，凝固时间达到几十分钟，凝固过程受到热溶质浮力、晶粒沉淀、凝固收缩等外力影响，导致凝固行为非常复杂。因此，有必要发展数值计算模型，并耦合溶质偏析理论解析模型、熔体流动模型、凝固传热模型等，以研究分析连铸凝固过程中溶质元素的分布特征。目前，能够模拟计算合金凝固溶质偏析行为的模型主要有三种，分别为连续介质模型、多相凝固模型和 CA-FE 模型。

1.3.2.1　连续介质模型

在 20 世纪 60 年代，美国麻省理工学院的 Flemings 等[31] 推导了合金凝固时两相区局部溶质再分配方程和熔体流动方程，分析了凝固收缩和热浮力条件下液相流动与溶质传输行为，首次描述了铸锭凝固过程中的溶质偏析现象。虽然模型限定于两相区，具有一定的局限性，但它已具备了连续介质模型的雏形。Bennon 和 Incropera[32]认为在合金凝固过程中，固液相充分混合，基于充分混合理论提出了连续介质模型，将两相区视为连续重叠的介质，忽略各相之间的微观界面，使用一组守恒方程来描述液相区、两相区、固相区的凝固传输行为，从而避免了对区域交界面的跟踪。近年来，研究者对连续介质模型不断完善，研究主要集中在两相区熔体流动和溶质传输方面。

（1）在熔体流动方面，当液相逐渐凝固为固相，两相区熔体的流动阻力显著增大，移动速度显著减小。糊状区的处理方法主要包括渗透率法和增加黏度法[32-33]。渗透率法认为固相不随液相流动而迁移，两相区适合处理为多孔介质区域，并采用渗透率模型来描述液相的流动行为，即：

$$\frac{\partial}{\partial t}(\rho v) + \nabla \cdot (\rho v v) = - \nabla p + \nabla \cdot [\mu \rho (\nabla v)] - \frac{\mu}{K}\rho(v - v_s) + \rho B_x \qquad (1\text{-}10)$$

式中，ρ 为密度，$\mathrm{kg/m^3}$；t 为时间，s；v 和 v_s 分别为流体和固相速度，m/s；p 为压力，Pa；μ 为黏度，Pa·s；K 为渗透率，$\mathrm{m^2}$；B_x 为浮力或重力等引起流体流动的加速度，$\mathrm{m/s^2}$。式（1-10）等号右侧第 3 项为考虑两相区渗透率的汇项。

合金凝固时，若初始凝固的晶粒被液相包裹并能够随液相流动而迁移，此时固液两相区不适合被处理为多孔介质区，而适合处理为糊状介质。此时，通过增加熔体黏度的方法，考虑两相区的流动阻力，如式（1-11）等号右侧第 2 项所示。

$$\frac{\partial}{\partial t}(\rho v) + \nabla \cdot (\rho v v) = - \nabla p + \nabla \cdot [\mu \rho (\nabla v)] + \rho B_x \qquad (1\text{-}11)$$

（2）溶质偏析方面，在连续介质模型中，合金凝固过程中溶质的传输行为可通过式（1-12）描述：

$$\frac{\partial(\rho c)}{\partial t} + \nabla \cdot (\rho v c) = \nabla \cdot (\rho D \nabla c) + \nabla \cdot [\rho D \nabla(c_1 - c)] - \nabla \cdot [\rho f_s(c_1 - c_s)(v - v_s)]$$

$$(1\text{-}12)$$

式中，c_1 和 c_s 分别为液相和固相中的溶质浓度（质量分数），%；D 为溶质扩散系数，$\mathrm{m^2/s}$；c 为混合溶质浓度（质量分数），由固、液相溶质浓度共同确定，%。

为了模拟溶质传输行为，研究者在连续介质模型中耦合了溶质偏析模型。Prescott 和 Incropera[34]假设溶质在液相和固相中完全扩散，采用 Lever 模型考虑溶质的再分配行为，模拟计算了 Pb-Sn 合金的二维凝固过程，研究了冷却速率对溶质偏析的影响。Diao 和 Tsai[35]同样采用 Lever 模型研究 Al-Cu 合金凝固过程中溶质的再分配行为，深入探讨了热浮力、凝固收缩条件下的液相流动与溶质传输行为。Schneider 和 Beckermann[36]假设溶质在固相中无扩散而在液相中完全扩散，采用 Scheil 偏析模型计算 Pb-Sn 合金凝固过程中的溶质分布，并对比 Lever 模型的计算结果，指出 Scheil 模型预测的溶质含量较高，共晶相数量也更多。随后，他们[37]认为钢中 C 元素适合采用 Lever 模型，而其余元素适合采用 Scheil 模型，进一步研究了铸锭凝固过程中溶质偏析的形成，并考察了溶质分配系数对偏析程度的影响。Chang 和 Stefanescu[38]认为 Lever 模型并不完全适用于合金的凝固过程，他们采用 Leibniz 规则对相界面处固相溶质浓度进行积分，研究了 Al-Cu 合金凝固过程中溶质的传输行为。Dong 等[39]同样认为 Lever 偏析模型对局部溶质再分配行为的处理过于简化，他们通过对比分析 Scheil 模型、Brody-Flemings 模型、Clyne-Kurz 模型、Ohnaka 模型、Voller-Beckermann 模型的计算结果，研究了圆坯连铸凝固过程中溶质分布的特征，认为溶质偏析模型对宏观溶质分布影响较大，其中固相溶质浓度 c_s 与界面溶质浓度的关系可通过式（1-13）获得。

$$c_s = \left(c_0 - f_1 \frac{c_s^*}{k}\right) / (f_s + \varepsilon) \qquad (1\text{-}13)$$

式中，k 为溶质分配系数，ε 为很小的正数。

连续介质模型的控制方程相对简单，在数值计算过程中，采用一套离散化的网格，避免了对凝固区域界面的跟踪，克服了多区域模型计算的复杂性。然而，连续介质模型对两相区的处理过于简化，未充分考虑凝固枝晶结构和固液相对流动的影响。微观枝晶生长与宏观传输现象之间的联系相对较弱，且该模型未考虑合金凝固过程中组织转变的影响。

1.3.2.2　多相凝固模型

基于体积平均理论，Beckermann 和 Viskanta[40]认为糊状区由相互作用的固相和液相组成，根据固液界面微观传输的平衡条件，他们对单元体内的质量、动量、能量和溶质守恒方程进行体积平均（见图 1-15），并推导宏观传输方程。该模型能够实现宏观和微观传输模型的相互耦合，具有以下几方面优点：

（1）宏观传输方程的界面传输项根据微观结构参数定义；

（2）宏观传输方程中各项来源清晰，具有明显的物理意义；

（3）宏观变量与微观变量之间具有紧密的联系，通过界面传输项、形核模型和体积分数关系式，将微观结构参数、晶粒密度和界面溶质浓度引入宏观传输方程中。

多相凝固模型可以根据不同的凝固相，建立单一的等轴晶或柱状晶凝固模型，研究不同因素对液相流动和溶质分布的影响。随着多相凝固模型的逐渐发展，现已能同时考虑柱状晶相和等轴晶相的生长行为，模拟和分析多因素条件下的凝固组织转变和溶质偏析分布特征。

Ni 和 Beckermann[41]将溶质富集的液相和贫瘠的固相分开处理，推导了两相凝固模型的基本方程，耦合了微观晶粒生长与宏观传输现象，指出界面传输项仍

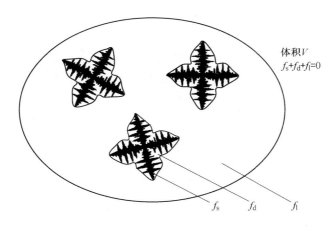

图 1-15　体积平均法的基本思想[40]

（图中 f_s 为枝晶固相体积分数，f_d 为晶间液相体积分数，f_1 为晶外液相体积分数）

需要进一步完善，如界面溶质浓度、固液相间曳力系数、热量和质量传递系数等。Ganesan 和 Poirier[42] 对两相凝固模型中的质量和动量传输进行改进，柱状晶区采用渗透率和二阶阻力系数描述液相流动阻力，等轴晶区则因各向同性，采用黏度方法处理，并通过体积平均法处理微观界面传输行为。Li 的研究团队[43] 在此方面也做了大量研究工作，建立了等轴晶生长的两相凝固模型，采用 Oldfield 连续形核模型和生长动力学模型研究晶粒形核生长行为，描述了 Al-Cu 合金凝固过程中熔体流动和晶粒沉淀作用下溶质的传输行为，然而该模型对等轴晶生长进行了简化处理。随后，他们建立了柱状晶生长的两相凝固模型，认为柱状晶是具有恒定间距的圆柱体，凝固过程中固相溶质浓度根据平衡相图确定，晶体尖端生长速率受到排出溶质的控制，模型采用 Blake-Kozeny 方法处理两相区的渗透率，模拟了 Pb-Sn 合金凝固过程中溶质传输行为。在考虑等轴晶生长的两相凝固模型的基础上，Tu 等[44] 模拟了 231 t 铸锭的凝固过程，并通过实验数据验证了模型的有效性，指出等轴晶临界固相体积分数对铸锭溶质偏析有重要影响。马长文等[45] 同样采用等轴晶两相模型研究铸锭的凝固过程，将糊状区分为固定枝晶区和自由枝晶区，分析了晶粒移动对溶质分布的影响。杜强等[46] 在两相模型基础上，进一步耦合 Suzuik 模型，研究了铸锭凝固过程中 A 形偏析出现的位置，并分析了流体流动对等温线和溶质分布的影响。王同敏等[47] 在两相模型基础上建立了铸锭凝固的三相模型，同时考虑了空气、液相和等轴晶相，并跟踪了气、液界面移动，模拟了铸锭缩孔的形成过程，研究了热浮力流动、晶粒沉降、补缩流动条件下溶质元素的分布特征。

　　在合金凝固过程中，由于仅有部分排出的溶质元素能够扩散至枝晶外的液相，传统的两相模型更适合描述球形晶粒的生长行为，而不适用于枝晶生长的凝固过程。Rappaz 和 Thevoz[48]通过虚拟晶胞将枝晶内的液相与晶外液相分开处理，认为枝晶间液相为第二相，晶间溶质充分扩散，而晶胞外的溶质则以球形晶粒的方式扩散。他们分析了合金凝固过程中溶质的分布、固相体积分数和晶胞的演变。随后，Wang 和 Beckermann[49]也对固相等轴晶、等轴晶间液相、晶外液相分别处理，认为晶间液相随晶外液相移动，并在考虑微观枝晶生长形貌的基础上，建立了 Al-Cu 合金的二维凝固模型，分析了枝晶重熔、固相移动和液相流动对溶质偏析的影响。Combeau 等[50]采用多相模型模拟了铸锭的凝固过程，分别研究了凝固相以球形晶粒和枝晶生长的行为，认为晶粒形貌对固相移动和溶质传输具有重要影响。Wu 和 Ludwig[51]分别研究了球形晶粒和枝晶的凝固方式，指出形核的晶粒首先以球形方式生长，但当枝晶晶胞生长速率大于球形晶粒的生长速率时，晶粒形貌将由球形向枝晶状转变。进一步的研究分析了枝晶形貌、晶粒沉淀和液相流动对溶质传输的影响。

多相凝固模型能够耦合宏观熔体流动传热与微观晶粒形核生长，同时考虑多种因素条件下的溶质偏析和凝固组织演变。该模型实现了宏观和微观的相互耦合，尽管模型建立过程复杂，但理论工作在逐步完善。目前，多相凝固模型能够模拟较大尺寸的铸锭和连铸的凝固过程。其中，朱苗勇团队[52]基于枝晶尖端的生长速率和拉坯速度提出了枝晶尖端动态跟踪模型，根据熔体温度梯度和液相流动速度提出了等轴晶动态形核模型，并将多相凝固模型应用于连铸过程中，研究了连铸坯凝固过程中的组织转变和溶质偏析的形成机理（见图 1-16），分析了热溶质浮力、晶粒沉淀、凝固收缩对溶质偏析的影响规律。张立峰团队[53]对该模型进行了深入开发，建立了三维板坯连铸多相凝固模型，并耦合了坯壳变形模型，获得了鼓肚变形、辊缝偏差、机械压下等作用下连铸坯中心偏析的演变规律，为工业生产提供了理论基础和指导。

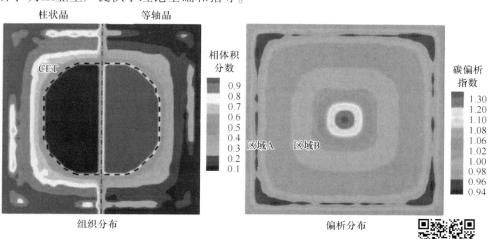

图 1-16　连铸坯凝固组织和溶质偏析分布[52]

图 1-16 彩图

1.3.2.3　CA-FE 模型

元胞自动机方法（cellular automata，CA）[54]属于一种概率性模型，将计算区域离散为一系列规则的元胞，并通过整数标记元胞的状态（固相、液相及固液界面），同时考虑元胞与邻胞之间的关系。在每个时间步长内，依据系统状态确定下一时刻的变化，能够计算亚尺度、微观尺度及多尺度条件下的凝固传输现象。

20 世纪 90 年代初期，Rappaz 和 Gandin 研究团队[54-55]将元胞自动机方法应用到凝固组织模拟中，弥补了蒙特卡罗法在物理基础方面的不足。他们将晶粒生长与凝固时间结合，模拟了凝固过程中晶粒组织形貌的演变规律，但其模型局限于均匀温度梯度下的二维模拟研究。之后，该团队将元胞自动机和有限元方法（finite element，FE）耦合，建立了有限元与元胞自动机耦合模型（CA-FE）。该模型通过宏观网格计算凝固过程中的热量传输，将获得的温度数据通过插值的方法映射到微观元胞中，再由微观元胞网格模拟晶粒形核和生长机制。晶粒生长过程中释放的凝固潜热反馈到宏观温度场的计算过程中，实现了凝固传热和组织生长的模拟。随着 CA-FE 模型的不断完善，Guillemot 等[56]进一步耦合了元素偏析理论模型，考虑了晶粒生长过程中的溶质再分配行为，计算了宏观热量和质量传输方程。实验验证了该模型的准确性，并分析了二维合金凝固过程中晶粒生长行为和液相流动对溶质分布的影响。随后，Carozzani 等[57]将二维凝固 CA-FE 模型拓展至三维，计算了 Sn-Pb 合金凝固组织的生长和溶质浓度的分布，如图 1-17 所示。然而，所建立的数学模型在预测通道偏析与实际凝固实验结果仍有一定差距，需要进一步完善。

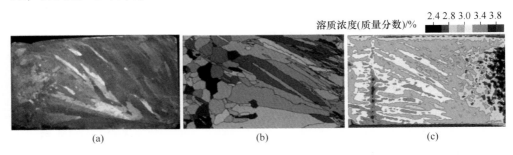

溶质浓度(质量分数)/%　2.4 2.8 3.0 3.4 3.8

(a)　　　　　　　　　　(b)　　　　　　　　　　(c)

图 1-17　Sn-Pb 合金凝固实验检测和数值模拟结果[57]

(a) 酸洗腐蚀；(b) 凝固组织；(c) 溶质浓度的分布

Mosbah 等[58]在晶粒生长过程中引入晶胞概念，考虑晶内液相与晶胞外液相的溶质传输行为，预测了单晶凝固过程中的冷却曲线、溶质偏析及共晶相分数。在传统有限元模型基础上，Saad 等[59]采用结构化网格，将宏观模型网格尺寸降为枝晶间距的两倍，元胞网格为枝晶间距的一半，充分考虑溶质浓度梯度对浮力的影响，捕捉了 Ga-In 合金凝固过程中形成的通道偏析。Guillemot 等[60]在耦合微观溶质传输的 CA-FE 模型基础上，进一步考虑了重力、浮力、拖曳力作用下的晶粒迁移。然而，模型中的晶粒移动是通过微观元胞数据传递完成的，并未完全耦合液相流动行为。此外，Brown[61]将元胞自动机与有限差分方法（finite difference，FD）耦合，模拟了 Pb-Sn 共晶合金定向凝固过程中的组织生长和溶质偏析分布，预测的凝固组织与实验结果非常相近。Lee 等[62]将元胞自动机方法与连续介质模型耦合，建立了元胞自动机-有限体积（cellular automata-finite volume，CA-FV）模型，通过线性插值将速度场映射到元胞中，计算了凝固传热与溶质传输行为，并分析了液相流动条件下 Al-Cu 合金的柱状晶生长和晶粒倾斜现象。Vandyoussefi 和 Greer[63]模拟了 Al-Mg 合金凝固过程中组织的演变，通过 Bridgman 实验验证了模型的准确性，研究了形核剂对凝固组织转变和晶粒细化的影响。季晨曦等[64]模拟了双辊薄带连铸过程中柱状晶的生长，实现了柱状晶组织的二维可视化，分析了浇铸工艺参数对凝固组织的影响。齐伟华等[65]采用 CA-FE 方法对 Fe-C 合金凝固组织进行三维模拟，分析了形核参数和冷却条件对凝固组织的影响，并研究了不同条件下晶粒的演变特征，证明了该模型能够有效反映金属凝固过程。Jing 等[66]采用 CA-FE 模型对连铸凝固晶粒的生长进行了模拟（见图 1-18），并分析了工艺参数对凝固组织的影响，然而模型并未考虑液相流动和溶质传输行为。

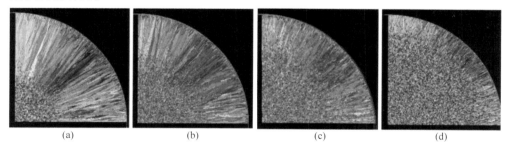

(a)   (b)   (c)   (d)

图 1-18 不同过热度条件下的凝固组织模拟[66]

(a) 45 ℃；(b) 35 ℃；(c) 25 ℃；(d) 15 ℃

CA-FE 模型能够模拟凝固过程中晶粒的生长，也可以模拟枝晶的生长行为，但模拟枝晶生长过程需要大量计算资源，尤其是在考虑熔体流动影响的情况下。因此，CA-FE 模型主要用于计算尺度较小的区域。朱苗勇团队[67]采用 CA-FE 模型进行开发，利用并行计算方法解决了计算效率低下的难题，并根据连铸坯的冷却速率模拟了凝固组织的转变和枝晶分布特征（见图 1-19），但未考虑晶粒迁移。当前，在液相流动条件下，晶粒迁移是通过微观网格中的数据传递来实现的，若在大尺度范围内同时进行大量晶粒位置移动会相对困难，因此该模型仍在发展完善之中。

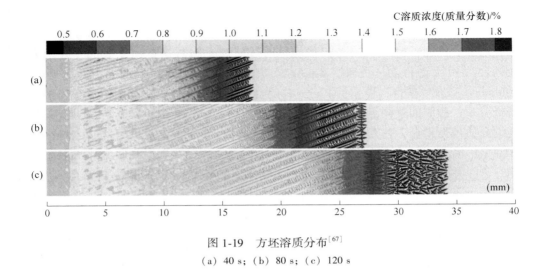

图 1-19　方坯溶质分布[67]

（a）40 s；（b）80 s；（c）120 s

1.4　宏观偏析控制研究

连铸坯的宏观偏析在均热轧制过程中无法消除，并会遗传至轧材芯部，恶化轧材的力学性能，降低产品的稳定性。长期以来，连铸坯宏观偏析缺陷控制是众多学者关注的重点难题，尤其是连铸坯的中心偏析。目前，解决铸坯中心偏析的主要方法包括低过热度浇铸技术、热压下技术、电磁搅拌技术、机械压下技术以及电磁振荡技术等[68]。在工业生产实践过程中，以电磁搅拌技术和机械压下技术应用最为广泛。

1.4.1　电磁搅拌技术研究进展

在连铸电磁搅拌的应用过程中，搅拌强度、搅拌位置和搅拌模式对连铸坯内部质量的提高有显著影响。然而，目前对电磁力作用下两相区的液相流动、凝固传热、晶粒迁移与溶质传输等行为的研究仍然不够充分，对电磁搅拌的影响规律尚缺乏充分了解。因此，国内外学者通过试验研究和数值模拟的方法进行了深入分析。

1.4.1.1　电磁搅拌试验研究

Suzuki 等[69]在铸锭凝固过程中施加电磁力，实验模拟连铸凝固末期电磁搅拌对中心偏析和疏松缩孔的改善效果。研究认为铸锭以非柱状晶凝固时，液相穴宽度应为 30~50 mm，弱搅拌强度（磁感应强度小于 300 Gs）和间歇式搅拌模式能够有效减轻 V 形偏析。Asai 等[70]采用 Pb-Sn 合金凝固实验分析熔体流动对凝固组织的影响，认为交替式搅拌促进了柱状晶向等轴晶转变，减小了熔体流动作用区域，抑制了偏析溶质向液相穴的传递，并在一定程度上避免了凝固前沿白亮带的形成。Eckert 等[71]研究了电磁搅拌作用下 Pb-Sn 合金的凝固行为，认为旋转流动会在铸锭中心形成偏析，而间歇式搅拌和线性搅拌能够有效阻止通道偏析的形成，最佳搅拌方式仍需进一步探讨。Mizukami 等[72]通过铸锭凝固实验研究等轴晶区的溶质偏析，认为凝固末期的电磁搅拌能够防止通道偏析的产生，而芯部大量细小的等轴晶是阻止 V 形偏析形成的前提条件。交替式搅拌对阻止等轴晶粒的凝聚更为有效，最佳搅拌阶段为晶粒沉淀开始时（固相体积分数为 0.1），搅拌速度应为 10~20 cm/s。

由于连铸凝固过程属于连续过程，与铸锭凝固实验仍然存在一定差异，因此，部分学者采用试验铸锭和连铸生产相结合的方法进行研究。其中，Itoh 等[73]采用铸锭凝固实验研究电磁搅拌对不锈钢凝固组织的影响规律，认为形成等轴晶区需要满足两个条件：（1）足够数量的等轴晶核；（2）晶核在液相穴中能够存活并生长。该学者随后开展了板坯连铸的工业试验，认为交替式电磁搅拌能够有效控制钢液的过热度，增加连铸坯的等轴率。Ayata 等[74]分析了组合式电磁搅拌对连铸坯凝固组织和中心偏析的影响，认为结晶器搅拌能够获得更宽的等轴晶区和更小的边缘负偏析区域。该学者还对铸锭凝固末端电磁搅拌进行了研究，认为在较大固相体积分数或较小搅拌电流时，两相区钢液均不能被充分搅动；而在较小固相体积分数或较大搅拌强度时容易形成中心缩孔。

Oh 和 Chang[75]直接开展工业试验，研究电磁搅拌模式和液相穴宽度对连铸坯宏观偏析的影响。在连铸凝固结束时，他们加入铅金属测定电磁搅拌对凝固终点的影响。研究认为，二冷区与凝固末端的电磁搅拌组合模式有利于大方坯的宏观偏析改善，而小方坯连铸适合采用结晶器、二冷区和凝固末端电磁搅拌组合模式。研究指出，随着钢中碳含量的增加，末端电磁搅拌的最佳液相穴宽度逐渐减小。Hurtuk 和 Tzavaras[76]研究了电磁搅拌对凝固组织和宏观偏析的影响，测量了不同搅拌条件下的中心偏析。他们认为电磁搅拌对 C、P、S、Cr 和 Ni 元素的偏析均有改善，而对其他溶质元素的偏析程度改善有限。Du 等[77]通过钻孔取屑和元素成分检测等方法研究高强弹簧钢铸坯的溶质偏析分布，认为结晶器和末端的组合式电磁搅拌有利于改善中心偏析，交替式末端搅拌对中心偏析的改善更为明显。Takeuchi 等[78]分析了电磁搅拌对 SUS430 板坯中心等轴晶率的影响，发现通过减小过热度、增加搅拌强度、采用交替式搅拌模式均能够提高板坯的等轴晶率。然而，若在钢中加入 0.4% 的形核剂，即使在较大过热度条件下也能增大等轴晶区，如图 1-20 所示。因此，在钢凝固过程中加入形核剂后，连铸坯的等轴率明显增加，效果非常显著。

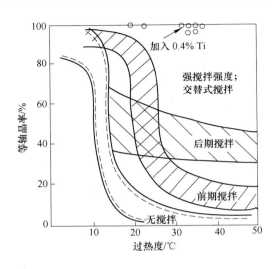

图 1-20　过热度、搅拌位置和形核剂对等轴晶率的影响[78]

　　Bridge 和 Rogers[79]分析了方坯连铸电磁搅拌对白亮带区溶质分布的影响，认为白亮带由负偏析带和正偏析带组成，负偏析区始于凝固前沿的液相流动。他们指出，溶质偏析带的形成是由于液相线移动速度变化造成的，而溶质冲刷机制是次要原因。Sahoo 等[80]采用图像处理技术对凝固铸坯试样进行扫描分析，发现随着搅拌电流的增加，钢液流动速度加快，等轴晶率增加，铸坯皮下裂纹和中心裂纹减小。然而，当搅拌强度较大时，等轴晶率的变化减小，连铸坯的皮下夹渣和水口侵蚀现象严重，因此结晶器电磁搅拌存在最佳搅拌参数。包燕平团队[81]研究了结晶器电磁搅拌对 45 号钢铸坯凝固组织和宏观偏析的影响，认为随着电磁搅拌强度的增大，枝晶间距显著减小，等轴晶区明显扩大，中心偏析明显改善。王恩刚团队[82]研究了凝固末端电磁搅拌对 1Cr13 不锈钢内部裂纹的影响，认为液相穴宽度为 50 mm、电流强度为 250 A 时，电磁搅拌能够有效减小溶质偏析的产生。但在凝固末端电磁搅拌作用下，容易产生白亮带缺陷。

　　目前，研究者通过铸锭凝固实验和工业试验研究，分析了不同搅拌参数和工艺参数对凝固组织和溶质偏析的影响规律，以优化电磁搅拌参数。这在一定程度上能够提高铸坯内部质量，降低中心偏析，但对两相区的凝固传输行为仍然不够清晰。

1.4.1.2　电磁搅拌数值模拟研究

　　由于钢的凝固过程不可见以及当前检测条件的限制，传统的铸锭凝固实验和工业试验无法全面了解两相区液相流动和溶质传输行为，因此许多学者采用数值模拟方法。Liu 等[83]研究了圆坯连铸结晶器中的电磁场、流场以及液面波动行为，分析了搅拌参数对磁感应强度分布和熔体流动速度的影响，认为旋转流动促进了钢渣界面漩涡的形成，在弯月面附近凸起，而在水口附近则出现凹陷。随着搅拌速度的增加，液面波动程度增大，这影响了铜板的润滑、卷渣以及水口壁的侵蚀。Wang 等[84]模拟了电磁搅拌作用下圆坯连铸结晶器内钢液的流动行为，综合考察了搅拌电流强度、电流频率和水口插入深度对钢液流动的影响。根据相应的工业试验，他们优化了连铸工艺参数，改善了铸坯的凝固组织，降低了钢中夹杂物的含量。通过将铸坯壁面设定为液相线温度，Yu 等[85]建立了圆坯连铸结晶器电磁搅拌的数学模型，分析了有无电磁搅拌作用下的流场分布，并采用工业试验分析了搅拌参数对铸坯凝固组织的影响。他们认为电磁搅拌改变了钢液的流动行为，促进了液相穴温度降低和夹杂物的上浮去除，从而显著改善了铸坯的中心疏松和偏析。

随着计算能力的提升，模型能够同时耦合液相流动和凝固传热行为。其中，Yang 等[86]将两相区简化为多孔介质区，采用有限元和有限体积相结合的方法，计算了轴承钢连铸结晶器电磁搅拌作用下钢液的流动与凝固行为。他们认为，电磁搅拌促进了热影响区向上推移，增加了铸坯的等轴晶率，改善了中心偏析。Trindade 等[87]模拟研究了铸机弧度对圆坯结晶器电磁搅拌的影响，认为弧度影响了内外弧侧凝固坯壳的非均匀分布。随着搅拌电流强度的增加，凝固前沿钢液的搅拌速度逐渐增大，坯壳厚度减小，中心固相体积分数明显增大，这有利于等轴晶区的扩大。Maurya 和 Jha[88]研究了结晶器电磁搅拌器的安装位置对钢液流动和坯壳凝固的影响。当搅拌器安装在距弯月面 350 mm 时，由于搅拌速度较大，导致凝固坯壳局部重熔。随着安装位置的向下推移，凝固前沿的流动速度减小，坯壳熔化程度降低。Ren 等[89]模拟了圆坯连铸结晶器中钢液的流动和凝固传热行为，在考虑凝固坯壳生长后，两相区钢液的流动速度明显降低，如图 1-21 所示。此外，研究认为电磁搅拌降低了主流的冲击深度，促进了钢液热量的散失。随着搅拌强度的增加，水口钢液的冲击流动发生偏转，结晶器温度出现非对称分布。An 等[90]研究了方坯连铸结晶电磁搅拌作用下的钢液流动行为，同样发现较大搅拌强度时，铸流钢液出现偏流的现象。Song 等[91]模拟研究了方坯在二冷区电磁搅拌作用下钢液的流动和凝固行为，认为电磁搅拌显著改变了钢液的流场分布，降低了液相穴温度，而搅拌器产生的焦耳热对钢液的凝固影响很小。

在连铸凝固溶质偏析的模拟研究中，张红伟等[92]采用连续介质模型计算了结晶器中钢液的流动和溶质传输行为，认为液相流动导致坯壳的非均匀分布和溶质偏析的形成。随着铸坯凝固的进行，溶质元素逐渐聚集于铸坯中心而形成偏析，然而模型尚未考虑电磁搅拌的影响。Vušanović 等[93]采用二维切片模型计算铸坯的宏观偏析行为，通过增加溶质扩散速率考虑钢液流动的影响。研究表明，

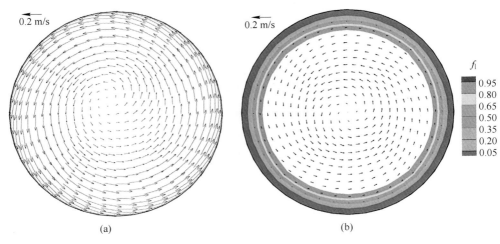

图 1-21　圆坯在电磁搅拌作用下的钢液流动[89]

(a) 不考虑凝固；(b) 考虑凝固

铸坯宏观偏析受到冷却速率的影响很大，拉坯速度和过热度主要影响铸坯表面的偏析程度，然而模型同样未考虑电磁搅拌的作用。张家泉团队[9]建立了三维凝固模型，研究了在轴承钢方坯连铸过程中，结晶器和凝固末端电磁搅拌对钢液流动和溶质传输的影响。研究发现，随着结晶器搅拌电流强度的增加，铸坯表面附近的负偏析程度逐渐增大。在热浮力和溶质浮力作用下，促进了铸坯外弧侧负偏析区和中心附近正偏析区的形成，但末端电磁搅拌未能充分驱动钢液流动，因而对溶质偏析的改善有限。在凝固组织模拟方面，Hou 等[94]和 Sun 等[95]分别采用元胞自动机与有限元相结合的方法，通过增加液相导热系数和最大形核率来考虑电磁搅拌对凝固行为的影响，模拟了高碳钢连铸凝固组织演变。学者们认为过热度的减小和拉坯速度的增加均能增大等轴晶区，然而模型并未考虑液相流动对晶粒迁移和溶质传输行为的影响。Wu 和 Ludwig 研究团队[96]采用多相凝固模型，研究了铸锭凝固过程中柱状晶和等轴晶的生长行为，分析了晶粒沉淀和热浮力流动对溶质偏析和凝固组织演变的影响，但该模型尚未在连铸过程中得应用。

　　在连铸电磁搅拌的研究中，由于模型中将两相区进行了简化处理，未能充分考虑晶粒组织和固液相相对流动的影响。而模拟晶粒组织的 CA-FE 模型仍无法充分考虑液相流动和晶粒迁移的行为。朱苗勇团队[97]在耦合多相凝固模型的基础上，分析了结晶器和凝固末端电磁搅拌对连铸坯凝固组织转变与溶质偏析分布特征的影响，获得了搅拌强度、搅拌位置及搅拌偏析的影响规律，如图 1-22 所示。电磁搅拌技术通过电磁力驱动钢液流动，促进了凝固前期的溶质传输和凝固传热，但在连铸坯偏析改善方面仍相对有限。

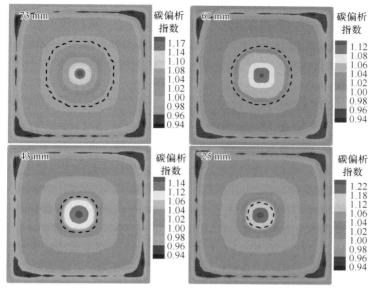

图 1-22 不同液相穴宽度时铸坯宏观偏析的分布[97]   图 1-22 彩图

1.4.2 机械压下技术研究进展

机械压下技术是在连铸坯的凝固末期实施一定的压下量，以阻碍溶质富集液相在中心聚集，达到消除连铸坯中心偏析和疏松的目的。在机械压下实施过程中，压下效果主要受到压下量、压下区间、压下效率等参数的影响。国内外学者采用理论分析、试验研究和数值模拟等方法对机械压下工艺进行了深入研究。

在连铸凝固过程中，认为钢液以枝晶方式生长，随着凝固的进行，固相网络逐渐形成，液相流动阻力增大。Takahashi[98]将凝固两相区分为三个区域，如图 1-23 所示。在 q_2 区，固相体积分数较低，晶间液相充分流动混合；在 q_1 区，固相体积分数逐渐增加，晶间溶质富集，流动阻力增大，但固液相间仍能相对移动；在 p 区，固相体积分数很大，晶间液相流动困难，溶质偏析逐渐形成。因此，

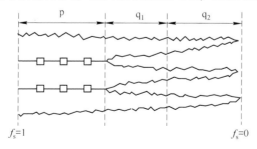

图 1-23 连铸凝固两相区的示意图[98]

压下区间应该控制在 q_1 区。Takahashi 和 Hagiwara[99]认为 q_2 区与 q_1 区的分界处固相体积分数为 0.3~0.4，而 q_1 区与 p 区交界处固相体积分数应为 0.6~0.7，因此最佳压下区间为 0.3~0.7。Ogibayashi 等[100]认为压下起始段位于固相体积分数 0.1~0.3，终止于固相体积分数 0.6~0.9，此后液相流动受到限制。由于理论分析将凝固两相区进行人为划分，未能定量判断晶间液相的流动性，并忽略了铸坯中心偏析形成的根本原因，因此压下区间的选择仍需通过生产试验进一步确定。

在试验研究方面，Bleck 等[101]采用实验铸锭模拟机械压下过程，认为在铸锭中心固相体积分数为 0.89~0.94 时实施压下，中心偏析和疏松得到明显改善；中心固相体积分数大于 0.96 时，压下对中心偏析的改善效果不明显。Ogibayashi 等[102]开展了多组一体辊压下试验，认为在凝固末期实施压下时，中心偏析能够得到明显改善。然而，在铸坯中心固相体积分数小于 0.25 时，随着压下量的增加，中心偏析明显恶化。Tsuchida 等[103]认为该试验结果是由于压下过程中一体辊的弯曲挠度导致的两相区流动造成，并开展了分节辊扇形段压下实验研究，认为机械压下的铸坯最佳中心固相体积分数为 0.01~1.0，压下区间应覆盖铸坯中心液相的整个凝固阶段。Ito 等[104]对不同形状的铸锭进行试验压下，在液相穴中加入跟踪试剂以获得两相区的变形行为。通过分析不同液相穴宽度的坯壳变形特征，回归获得了压下效率与铸锭形状、压下辊径间的关系式。Yim 等[105]开展了板坯连铸末端机械压下的生产试验，采用射钉方法确定铸坯凝固末端位置，认为板坯最终凝固终点位于窄边附近 300 mm 处，最佳压下区间铸坯中心固相体积分数为 0.4~0.8，压下率应在 0.5~0.76 mm/m。Qi 等[106]开展了宽厚板连铸轻压下试验研究，通过钻孔取屑方法获得不同压下工艺条件下的溶质浓度分布，认为最佳压下区间中心固相体积分数为 0.3~0.9，压下量为 5.7~7.2 mm，其中钢中硫元素对应的压下量应比碳元素大。王新华团队[107]对宽厚板连铸凝固末端重压下进行试验研究，认为凝固终点位于宽度方向 1/4~1/8 处，且中心疏松严重。研究指出，在连铸板坯中心固相为 0.53~0.98 处实施 9 mm 的压下，中心偏析得到明显改善。在后续扇形段继续实施 3 mm 的压下，中心疏松明显改善，显著提升了铸坯内部质量。程登福团队[108]开发了动态轻压下系统，实时跟踪模拟连铸凝固行为，调整二冷区水量，动态调节压下技术参数，实现了板坯连铸动态轻压下技术的顺利实施。该团队认为在 Q345-1H 钢 220 mm 厚板坯连铸凝固过程中，压下区间中心固相体积分数为 0.35~0.95，压下量为 4.5 mm，此时铸坯中心偏析得到明显改善。目前在连铸生产实践中，普遍认为高碳钢压下区间的中心固相体积分数应控制在 0.2~0.9，中碳钢为 0.37~0.51，低碳钢为 0.2~0.7。

通过试验研究能够获得不同压下参数条件下连铸坯中心偏析与疏松的分布情况，但对两相区的凝固传输行为了解仍然不足。因此，研究者采用数学模拟方法分析末端机械压下实施过程中坯壳变形和溶质传输行为。基于铸坯横截面的质量通量为 0，林启勇等[109]推导了板坯连铸压下效率的理论公式，耦合了凝固传热模型和热力模型，考察了压下量与液心厚度对铸坯压下效率的影响。随后该团队进一步研究了板坯拉坯速度对压下率的影响，认为压下率在压下区间入口处最大，沿拉坯方向线性减少。然而，该模型尚未考虑连铸凝固的溶质传输行为。张家泉团队[110]建立了凝固传热模型与热力模型，通过改变固液相密度考虑凝固收缩，研究了不同铸坯中心固相体积分数下的压下率。研究表明，在铸坯凝固末期，压下率迅速降低，因此需要进一步增加压下量，以补充铸坯凝固后期的体积收缩。Luo 等[111]耦合了溶质偏析模型和理论压下模型，分析了压下区间对铸坯中心偏析的影响，并研究了钢中溶质元素对凝固方式的影响，发现碳元素的影响最大，而其他元素的影响相对较小。他们认为，钢中每种元素均存在最佳压下位置，如图 1-24 所示，因此，在连铸凝固末端的机械压下实践中，压下区间需覆盖所有溶质的最佳压下位置。然而，在该模型的建立过程中，未考虑压下过程中液相的对流行为。

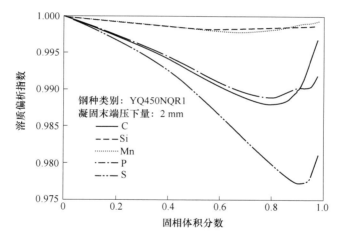

图 1-24　不同机械压下位置条件下糊状区溶质元素的偏析指数[111]

Kajatani 等[14]采用有限元与有限体积相结合的方法，建立了板坯连铸凝固传输模型，研究了支撑辊间铸坯的鼓肚变形和液相流动行为，分析了中心偏析形成的过程和机械压下的作用效果。由于模型在固相体积分数大于 0.7 或小于 0.2 时不收敛，因此模拟结果只能定性地揭示末端轻压下的作用。随后吴孟怀团队[112-113]建立了半工业板坯连铸两相凝固模型，研究坯壳鼓肚变形条件下的液相流动和溶质传输行为，并进一步分析了机械压下对铸坯溶质偏析的影响规律。然而，在计算过程中，压下量仅为 0.2 mm，与实际生产相差甚远。随后该团队进一步深入分析，建立了工业规模的板坯连铸凝固末端压下模型，研究了拉坯速度变化和坯壳延展变形对中心液相流动和溶质偏析的影响，认为压下结束位置对中心偏析的改善至关重要，压下区间应覆盖铸坯鼓肚变形的终点位置。然而，在模拟计算中，板坯的鼓肚变形量呈线性减小的趋势，并不随拉坯速度的增加而改变，这与实际的板坯连铸过程仍有一定的差异。张炯明团队[114]耦合了热力模型和溶质偏析模型，分析了鼓肚变形和末端重压下对铸坯溶质分布的影响。研究发现，当压下区间铸坯中心固相体积分数小于 0.8 或 0.86 时，末端压下对中心偏析改善效果明显；而当铸坯中心固相体积分数较大时，压下显著降低铸坯的中心疏松。朱苗勇团队[115]建立了二维连铸多相凝固模型与机械压下模型，分析了机械压下作用下液相流动与溶质偏析的分布特征，初步探究了机械压下量、压下区间、压下模式对连铸坯偏析的影响规律，如图 1-25 所示。研究认为在凝固后期进行压下时，连铸坯中心偏析缺陷的改善更加明显。

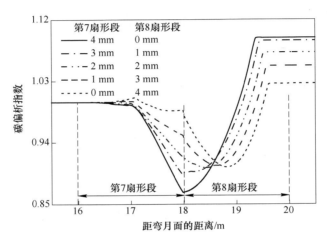

图 1-25   不同压下模式条件下中心碳偏析的演变[115]

在生产过程中，通过多次连铸凝固末端压下试验，能够获得较好的工艺参数，提高铸坯内部质量，而对中心偏析的演变规律仍无法充分获得。普遍采用的凝固传热模型、热力模型和溶质偏析模型未能充分考虑多因素作用下的凝固传输现象，对坯壳变形条件下连铸坯的三维空间液相流动与溶质偏析行为的研究较少，仍需进一步深入分析。

1.5   小结

本章介绍了连铸坯的宏观偏析特征及其表征方法，阐述了宏观偏析缺陷的形成理论，包括热溶质浮力理论、枝晶搭桥与凝固收缩理论、鼓肚变形理论和热收缩理论，分析了当前宏观偏析模拟的研究进展，探讨了控制连铸坯宏观偏析的措施及其发展进程。

参 考 文 献

［1］ 朱苗勇. 现代冶金工艺学——钢铁冶金卷 ［M］. 3版. 北京：冶金工业出版社，2023.

［2］ BASSON E，JOSEPH L. Steel statistical yearbook 2023 ［M］. Brussels：Word Steel Association，2023.

［3］ PICKERING E J. Macrosegregation in steel ingots：The applicability of modelling and characterisation techniques ［J］. ISIJ International，2013，53（6）：935-949.

［4］ 姜东滨. 连铸凝固过程宏观偏析形成及外场作用规律模拟研究 ［D］. 沈阳：东北大学，2018.

［5］ 姜东滨，张立峰，陈天明，等. 连铸坯宏观与半宏观偏析行为表征 ［J］. 连铸，2021，4：31-37.

［6］ ABOUTALEBI M R，HASAN M，GUTHRIE R I L. Coupled turbulent flow，heat，and solute transport in continuous casting processes ［J］. Metallurgical and Materials Transactions B，1995，26（4）：731-744.

［7］ YANG H L，ZHANG X Z，DENG K W，et al. Mathematical simulation on coupled flow，heat，and solute transport in slab continuous casting process ［J］. Metallurgical and Materials Transactions B，1998，29（6）：1345-1356.

［8］ 李中原，赵九洲. 薄板坯连铸凝固过程中宏观偏析的数值模拟 ［J］. 特种铸造及有色合金，2005，25（1）：23-25.

［9］ SUN H B，ZHANG J Q. Study on the macrosegregation behavior for the bloom continuous casting：Model development and validation ［J］. Metallurgical and Materials Transactions B，2014，45（3）：1133-1149.

［10］ 王亚栋. 电磁搅拌对连铸大方坯宏观偏析的影响研究 ［D］. 北京：北京科技大学，2021.

［11］ MURAO T，KAJITANI T，YAMAMURA H，et al. Simulation of the center-line segregation generated by the formation of bridging ［J］. ISIJ International，2014，54（2）：359-365.

［12］ SUZUKI A. Cast structure of continuously cast steel ingot ［J］. Tetsu-to-Hagané，1974，60（7）：774-783.

［13］ MIYAZAWA K，SCHWERDTFEGER K. Macrosegregation in continuously cast steel slabs：Preliminary theoretical investigation on the effect of steady state bulging ［J］. Steel Research International，1981，52（11）：415-422.

［14］ KAJATANI T，DREZET J M，RAPPAZ M. Numerical simulation of deformation-induced segregation in continuous casting of steel ［J］. Metallurgical and Materials Transactions A，2001，32（6）：1479-1491.

［15］ MAYER F，WU M，LUDWIG A. On the formation of centre line segregation in continuous slab casting of steel due to bulging and/or feeding ［J］. Steel Research International，2010，81（8）：660-667.

［16］ FACHINOTTI V D，CORRE S，TRIOLET N，et al. Two-phase thermo-mechanical and macrosegregation modelling of binary alloys solidification with emphasis on the secondary cooling stage of steel slab continuous casting processes [J]. International Journal for Numerical Methods in Engineering, 2006, 67 (10): 1341-1384.

[17] LESOULT G, SELLA S. Spongy behaviour of alloys during solidification: Flow of liquid metal and segregation in the mushy zone [J]. Solid State Phenomena, 1988 (3): 167-178.

[18] JANSSEN R, BART G, CORNELISSEN M, et al. Macrosegregation in continuously cast steel billets and blooms [J]. Applied Scientific Research, 1994, 52 (1): 21-35.

[19] RAIHLE C, FREDRIKSSON H. On the formation of pipes and centerline segregates in continuously cast billets [J]. Metallurgical and Materials Transactions B, 1994, 25 (1): 123-133.

[20] EL-BEALY M. Modeling of interdendritic strain and macrosegregation for dendritic solidification processes: Part Ⅰ. Theory and experiments [J]. Metallurgical and Materials Transactions B, 2000, 31 (2): 331-343.

[21] LUDWIG A, WU M, KHARICHA A. On macrosegregation [J]. Metallurgical and Materials Transactions A, 2015, 46 (11): 4854-4867.

[22] MARTORANO M, CAPOCCHI J. Mathematical modelling of microsegregation in eutectic and peritectic binary alloys [J]. Materials Science and Technology, 2000, 16 (5): 483-490.

[23] FLEMINGS M C. Solidification processing [M]. New York: McGraw-Hill, 1974.

[24] OHNAKA I. Microsegregation and macrosegregation [J]. ASM Handbook, 1988, 15: 136-141.

[25] BOWER T F, BRODY H D, FLEMINGS M C. Measurement of solute redistribution in dendritic solidification [J]. Transactions of the Metallurgical Society of AIME, 1966, 236: 615-624.

[26] CLYNE T W, KURZ W. Solute redistribution during solidification with rapid solid state diffusion [J]. Metallurgical and Materials Transactions A, 1981, 12 (6): 965-971.

[27] OHNAKA I. Mathematical analysis of solute redistribution during solidification with diffusion in solid phase [J]. Transactions of the Iron and Steel Institute of Japan, 1986, 26 (12): 1045-1051.

[28] VOLLER V R. On a general back-diffusion parameter [J]. Journal of Crystal Growth, 2001, 226 (4): 562-569.

[29] NASTAC L, STEFANESCU D M. An analytical model for solute redistribution during solidification of planar, columnar, or equiaxed morphology [J]. Metallurgical and Materials Transactions A, 1993, 24 (9): 2107-2118.

[30] WANG C Y, BECKERMANN C. A unified solute diffusion model for columnar and equiaxed dendritic alloy solidification [J]. Materials Science and Engineering A, 1993, 171 (1): 199-211.

[31] FLEMINGS M C, NEREO G E. Macroseg regation: Part Ⅰ [J]. Transaction of the Metallurgical society of AIME, 1967, 239 (9): 1039-1053.

[32] BENNON W D, INCROPERA F P. A continuum model for momentum, heat and species transport in binary solid-liquid phase change systems- Ⅰ. Model formulation [J]. International Journal of Heat and Mass Transfer, 1987, 30 (10): 2161-2170.

[33] BENNON W，INCROPERA F P. A continuum model for momentum，heat and species transport in binary solid-liquid phase change systems-Ⅱ. Application to solidification in a rectangular cavity [J]. International Journal of Heat and Mass Transfer，1987，30 (10)：2171-2187.

[34] PRESCOTT P，INCROPERA F P. Numerical simulation of a solidifying Pb-Sn alloy：The effects of cooling rate on thermosolutal convection and macrosegregation [J]. Metallurgical and Materials Transactions B，1991，22 (4)：529-540.

[35] DIAO Q，TSAI H. Modeling of solute redistribution in the mushy zone during solidification of aluminum-copper alloys [J]. Metallurgical and Materials Transactions A，1993，24 (4)：963-973.

[36] SCHNEIDER M C，BECKERMANN C. A numerical study of the combined effects of microsegregation，mushy zone permeability and fllow，caused by volume contraction and thermosolutal convection，on macrosegregation and eutectic formation in binary alloy solidification [J]. International Journal of Heat and Mass Transfer，1995，38 (18)：3455-3473.

[37] SCHNEIDER M C，BECKERMANN C. Formation of macrosegregation by multicomponent thermosolutal convection during the solidification of steel [J]. Metallurgical and Materials Transactions A，1995，26 (9)：2373-2388.

[38] CHANG S，STEFANESCU D M. A model for inverse segregation：The case of directionally solidified Al-Cu alloys [J]. Acta Materialia，1996，44 (6)：2227-2235.

[39] DONG Q P，ZHANG J M，QIAN L，et al. Numerical modeling of macrosegregation in round billet with different microsegregation models [J]. ISIJ International，2017，57 (5)：814-823.

[40] BECKERMANN C，VISKANTA R. Double-diffusive convection during dendritic solidification of a binary mixture [J]. Physico Chemical Hydrodynamics，1988，10 (2)：195-213.

[41] NI J，BECKERMANN C. A volume-averaged two-phase model for transport phenomena during solidification [J]. Metallurgical and Materials Transactions B，1991，22 (3)：349-361.

[42] GANESAN S，POIRIER D R. Conservation of mass and momentum for the flow of interdendritic liquid during solidification [J]. Metallurgical and Materials Transactions B，1990，21 (1)：173-181.

[43] LI J，WU M，HAO J，et al. Simulation of channel segregation using a two-phase columnar solidification model-Part Ⅰ：Model description and verification [J]. Computational Materials Science，2012，55：407-418.

[44] TU W T，SHEN H F，LIU B C. Two-phase modeling of macrosegregation in a 231 t steel ingot [J]. ISIJ International，2014，54 (2)：351-355.

[45] 马长文，沈厚发，黄天佑，等. 等轴晶移动对宏观偏析影响的数值模拟 [J]. 材料研究学报，2004，18 (3)：232-238.

[46] 杜强，李殿中，李依依. 铸铁件凝固过程中自然对流引起的宏观偏析模拟 [J]. 金属学报，2000，36 (11)：1197-1200.

[47] 王同敏，姚山，张兴国，等. 等轴球晶凝固多相体系内热溶质对流、补缩流及晶粒运动的数值模拟：Ⅰ. 三相流模型 [J]. 金属学报，2006，42 (6)：584-590.

[48] RAPPAZ M, THEVOZ P. Solute diffusion model for equiaxed dendritic growth [J]. Acta Metallurgical, 1987, 35 (7): 1487-1497.

[49] WANG C Y, BECKERMANN C. Equiaxed dendritic solidification with convection: Part I. Multiscale/multiphase modeling [J]. Metallurgical and Materials Transactions A, 1996, 27 (9): 2754-2764.

[50] COMBEAU H, ZALOŽNIK M, HANS S, et al. Prediction of macrosegregation in steel ingots: Influence of the motion and the morphology of equiaxed grains [J]. Metallurgical and Materials Transactions B, 2009, 40 (3): 289-304.

[51] WU M, LUDWIG A. Modeling equiaxed solidification with melt convection and grain sedimentation-I: Model description [J]. Acta Materialia, 2009, 57 (19): 5621-5631.

[52] JIANG D B, ZHU M Y. Solidification structure and macrosegregation of billet continuous casting process with dual electromagnetic stirrings in mold and final stage of solidification: A numerical study [J]. Metallurgical and Materials Transactions B, 2016, 47 (6): 3446-3458.

[53] JIANG D B, ZHU M Y, ZHANG L F. Roll-gap deviation on centerline segregation evolution in continuous casting slab [J]. Steel Research International, 2023, 94 (5): 2200708.

[54] RAPPAZ M, GANDIN C. Probabilistic modelling of microstructure formation in solidification processes [J]. Acta Metallurgica et Materialia, 1993, 41 (93): 345-360.

[55] RAPPAZ M, GANDIN C, DESBIOLLES J L, et al. Prediction of grain structures in various solidification processes [J]. Metallurgical and Materials Transactions A, 1996, 27 (3): 695-705.

[56] GUILLEMOT G, GANDIN C, BELLET M. Interaction between single grain solidification and macrosegregation: Application of a cellular automaton-finite element model [J]. Journal of Crystal Growth, 2007, 303 (1): 58-68.

[57] CAROZZANI T, GANDIN C, DIGONNET H, et al. Direct simulation of a solidification benchmark experiment [J]. Metallurgical and Materials Transactions A, 2013, 44 (2): 873-887.

[58] MOSBAH S, BELLET M, GANDIN C. Experimental and numerical modeling of segregation in metallic alloys [J]. Metallurgical and Materials Transactions A, 2010, 41 (3): 651-669.

[59] SAAD A, GANDIN C, BELLET M, et al. Simulation of channel segregation during directional solidification of In-75 wt pct Ga qualitative comparison with insitu observations [J]. Metallurgical and Materials Transactions A, 2015, 46 (11): 4886-4897.

[60] GUILLEMOT G, CHARLES-ANDRE G, COMBEAU H. Modeling of macrosegregation and solidification grain structures with a coupled cellular automaton-finite element model [J]. ISIJ International, 2006, 46 (6): 880-895.

[61] BROWN S G R. Simulation of diffusional composite growth using the cellular automaton finite difference (CAFD) method [J]. Journal of Materials Science, 1998, 33 (19): 4769-4773.

[62] LEE S Y, LEE S M, HONG C P. Numerical modeling of deflected columnar dendritic grains solidified in a flowing melt and its experimental verification [J]. ISIJ International, 2000, 40 (1): 48-57.

［63］ VANDYOUSSEFI M, GREER A L. Application of cellular automaton-finite element model to the grain refinement of directionally solidified Al-4. 15wt%Mg alloys ［J］. Acta Materialia, 2002, 50 (7): 1693-1705.

［64］ 季晨曦, 张炯明, 任昆, 等. 双辊薄带连铸柱状晶组织模拟 ［J］. 工程科学学报, 2008, 30 (10): 1107-1111.

［65］ 齐伟华, 张捷宇, 王波, 等. Fe-C 合金凝固组织元胞自动机-有限单元法三维模拟 ［J］. 过程工程学报, 2008, 8 (S1): 64-67.

［66］ JING C L, WANG X H, JIANG M. Study on solidification structure of wheel steel round billet using FE-CA coupling model ［J］. Steel Research International, 2011, 82 (10): 1173-1179.

［67］ 王卫领. 钢凝固过程枝晶生长模拟方法及行为特征研究 ［D］. 沈阳: 东北大学, 2017.

［68］ SIVESSON P, RAIHLE C M, KONTTINEN J. Thermal soft reduction in continuously cast slabs ［J］. Materials Science and Engineering A, 1993, 173: 299-304.

［69］ SUZUKI K I, SHINSHO Y, MURATA K, et al. Hot model experiments on electromagnetic stirring at about crater end of continuously cast bloom ［J］. Transactions of the Iron and Steel Institute of Japan, 1984, 24 (11): 940-949.

［70］ ASAI S, NISHIO N, MUCHI I. Theoretical analysis and model experiments on electromagnetically driven flow in continuous casting ［J］. Transactions of the Iron and Steel Institute of Japan, 1982, 22 (2): 126-133.

［71］ ECKERT S, NIKRITYUK P A, WILLERS B, et al. Electromagnetic melt flow control during solidification of metallic alloys ［J］. The European Physical Journal Special Topics, 2013, 220 (1): 123-137.

［72］ MIZUKAMI H, KOMATSU M, KITAGAWA T. Effect of electromagnetic stirring at the final stage of solidification of continuously cast strand ［J］. Transactions of the Iron and Steel Institute of Japan, 1984, 24 (11): 923-930.

［73］ ITOH Y, OKAJIMA T, MAEDE H, et al. Refining of solidification structures of continuously cast type 430 stainless steel slabs by electromagnetic stirring ［J］. Transactions of the Iron and Steel Institute of Japan, 1982, 22 (3): 223-229.

［74］ AYATA K, MORI T, FUJIMOTO T, et al. Improvement of macrosegregation in continuously cast bloom and billet by electromagnetic stirring ［J］. ISIJ International, 1984, 24 (11): 931-939.

［75］ OH K S, CHANG Y W. Macrosegregation behavior in continuously cast high carbon steel blooms and billets at the final stage of solidification in combination stirring ［J］. ISIJ International, 1995, 35 (7): 866-875.

［76］ HURTUK D J, TZAVARAS A A. Some effects of electromagnetically induced fluid flow on macrosegregation in continuously cast steel ［J］. Metallurgical and Materials Transactions B, 1977, 8 (1): 243-251.

［77］ DU W D, WANG K, SONG C J, et al. Effect of special combined electromagnetic stirring mode on macrosegregation of high strength spring steel blooms ［J］. Ironmaking & Steelmaking,

2008, 35 (2): 153-156.

[78] TAKEUCHI H, MORI H, IKEHARA Y, et al. The effects of electromagnetic stirring on solidification structure of continuously cast SUS430 stainless steel slabs [J]. Transactions of the Iron and Steel Institute of Japan, 1981, 21 (2): 109-116.

[79] BRIDGE M R, ROGERS G D. Structural effects and band segregate formation during the electromagnetic stirring of strand-cast steel [J]. Metallurgical and Materials Transactions B, 1984, 15 (3): 581-589.

[80] SAHOO P P, KUMAR A, HALDER J, et al. Optimisation of electromagnetic stirring in steel billet caster by using image processing technique for improvement in billet quality [J]. ISIJ International, 2009, 49 (4): 521-528.

[81] WU H J, WEI N, BAO Y P, et al. Effect of M-EMS on the solidification structure of a steel billet [J]. International Journal of Minerals, Metallurgy, and Materials, 2011, 18 (2): 159-164.

[82] XU Y, XU R J, FAN Z J, et al. Analysis of cracking phenomena in continuous casting of 1Cr13 stainless steel billets with final electromagnetic stirring [J]. International Journal of Minerals, Metallurgy and Materials, 2016, 23 (5): 534-541.

[83] LIU H P, XU M G, QIU S T, et al. Numerical simulation of fluid flow in a round bloom mold with in-mold rotary electromagnetic stirring [J]. Metallurgical and Materials Transactions B, 2012, 43 (6): 1657-1675.

[84] WANG B X, CHEN W H, CHEN Y, et al. Coupled numerical simulation on electromagnetic field and flow field in the round billet mould with electromagnetic stirring [J]. Ironmaking & Steelmaking, 2015, 42 (1): 63-69.

[85] YU H Q, ZHU M Y. Influence of electromagnetic stirring on transport phenomena in round billet continuous casting mould and macrostructure of high carbon steel billet [J]. Ironmaking & Steelmaking, 2012, 39 (8): 574-584.

[86] YANG Z G, BAO W, ZHANG X F, et al. Effect of electromagnetic stirring on molten steel flow and solidification in bloom mold [J]. Journal of Iron and Steel Research International, 2014, 21 (2): 1095-1103.

[87] TRINDADE L, NADALON J E, CONTINI A C, et al. Modeling of solidification in continuous casting round billet with mold electromagnetic stirring (M-EMS) [J]. Steel Research International, 2017, 88 (4): 1-8.

[88] MAURYA A, JHA P K. Influence of electromagnetic stirrer position on fluid flow and solidification in continuous casting mold [J]. Applied Mathematical Modelling, 2017, 48: 736-748.

[89] REN B Z, CHEN D F, WANG H D, et al. Numerical analysis of coupled turbulent flow and macroscopic solidification in a round bloom continuous casting mold with electromagnetic stirring [J]. Steel Research International, 2015, 86 (9): 1104-1115.

[90] AN H H, BAO Y P, WANG M, et al. Improvement of centre segregation in continuous casting bloom and the resulting carbide homogeneity in bearing steel GCr15 [J]. Ironmaking & Steelmaking, 2019, 46 (9): 896-905.

[91] SONG X P, CHENG S S, CHENG Z J. Mathematical modelling of billet casting with secondary cooling zone electromagnetic stirrer [J]. Ironmaking & Steelmaking, 2013, 40 (3): 189-198.

[92] 张红伟, 王恩刚, 赫冀成. 方坯连铸过程中钢液流动、凝固及溶质分布的耦合数值模拟 [J]. 金属学报, 2002, 38 (1): 99-104.

[93] VUŠANOVIĆ I, VERTNIK R, ŠARLER B. A simple slice model for prediction of macrosegregation in continuously cast billets [J]. Materials Science and Engineering, 2012, 27 (1): 012056.

[94] HOU Z B, JIANG F, CHENG G G. Solidification structure and compactness degree of central equiaxed grain zone in continuous casting billet using cellular automaton-finite element method [J]. ISIJ International, 2012, 52 (7): 1301-1309.

[95] SUN T, YUE F, WU H J, et al. Solidification structure of continuous casting large round billets under mold electromagnetic stirring [J]. Journal of Iron and Steel Research International, 2016, 23 (4): 329-337.

[96] WU M, LUDWIG A. Study of spatial phase separation during solidification and its impact on the formation of macrosegregations [J]. Metallurgical and Materials Transactions A, 2005, 413 (1): 192-199.

[97] JIANG D B, ZHU M Y. Center segregation with final electromagnetic stirring in billet continuous casting process [J]. Metallurgical and Materials Transactions B, 2022, 48 (1): 444-455.

[98] TAKAHASHI T. Solidification and segregation of steel ingot [J]. Iron and Steel, 1982, 17 (3): 57-61.

[99] TAKAHASHI T, HAGIWARA I. Study on solidification and segregation of stirred ingot [J]. Journal of the Japan Institute of Metals, 1965, 29: 1152-1159.

[100] OGIBAYASHI S, YAMADA M, YOSHIDA Y, et al. Influence of roll bending on center segregation in continuously cast slabs [J]. ISIJ International, 1991, 31 (12): 1408-1415.

[101] BLECK W, WANG W, BÜLTE R. Influence of soft reduction on internal quality of high carbon steel billets [J]. Steel Research International, 2006, 77 (7): 485-491.

[102] OGIBAYASHI S, KOBAYASHI M, YAMADA M, et al. Influence of soft reduction with one-piece rolls on center segregation in continuously cast slabs [J]. ISIJ International, 1991, 31 (12): 1400-1407.

[103] TSUCHIDA Y, NAKADA M, SUGAWARA I, et al. Behavior of semi-macroscopic segregation in continuously cast slabs and technique for reducing the segregation [J]. Transactions of the Iron and Steel Institute of Japan, 1984, 24 (11): 899-906.

[104] ITO Y, YAMANAKA A, WATANABE T. Internal reduction efficiency of continuously cast strand with liquid core [J]. Revue de Métallurgie-International Journal of Metallurgy, 2000, 97 (10): 1171-1176.

[105] YIM C H, PARK J K, YOU B, et al. The effect of soft reduction on center segregation in CC slab [J]. ISIJ International, 1996, 36: 231-234.

[106] QI X X, ZHANG G, JIA Q. Studies on technological parameters of optimal soft reduction

about superwide slab caster ［J］. Advanced Materials Research, 2011, 194: 207-212.

［107］ XU Z G, WANG X H, JIANG M. Investigation on improvement of center porosity with heavy reduction in continuously cast thick slabs ［J］. Steel Research International, 2017, 88 (2): 231-242.

［108］ HAN Z W, CHEN D F, FENG K, et al. Development and application of dynamic soft-reduction control model to slab continuous casting process ［J］. ISIJ International, 2010, 50 (11): 1637-1643.

［109］ 林启勇, 朱苗勇. 连铸板坯轻压下过程压下率理论模型及其分析 ［J］. 金属学报, 2007, 43 (8): 847-850.

［110］ LIU K, SUN Q S, ZHANG J Q, et al. A study on quantitative evaluation of soft reduction amount for CC bloom by thermo-mechanical FEM model ［J］. Metallurgical Research & Technology, 2016, 113 (5): 504.

［111］ LUO S, ZHU M Y, JI C, et al. Characteristics of solute segregation in continuous casting bloom with dynamic soft reduction and determination of soft reduction zone ［J］. Ironmaking & Steelmaking, 2010, 37 (2): 140-146.

［112］ DOMITNER J, WU M H, KHARICHA A, et al. Modeling the effects of strand surface bulging and mechanical soft reduction on the macrosegregation formation in steel continuous casting ［J］. Metallurgical and Materials Transactions A, 2014, 45 (3): 1415-1434.

［113］ WU M H, DOMITNER J, LUDWIG A. Using a two-phase columnar solidification model to study the principle of mechanical soft reduction in slab casting ［J］. Metallurgical and Materials Transactions A, 2012, 43 (3): 945-964.

［114］ ZHAO X K, ZHANG J M, LEI S W, et al. The position study of heavy reduction process for improving centerline segregation or porosity with extra-thickness slabs ［J］. Steel Research International, 2014, 85 (4): 645-658.

［115］ JIANG D B, WANG W L, LUO S, et al. Numerical simulation of slab centerline segregation with mechanical reduction during continuous casting process ［J］. International Journal of Heat and Mass Transfer, 2018, 122: 315-323.

2 连铸坯宏观偏析数值模拟

连铸凝固过程中，在结晶器强烈的冷却作用下，表面会快速形成细小的等轴晶粒。在拉矫机的作用下，初始凝固的连铸坯进入二冷区，通过表面喷水逐渐降低温度。在较高冷却速率下，柱状晶以垂直铸坯表面向液相穴中推进。在柱状晶凝固前沿，液相温度不断降低，当达到一定过冷时，晶粒在基底上形核并以等轴晶的方式生长。由于钢是由多元素组成的合金，除了 Fe 元素之外，还包含 C、Mn、Si、S、P 等，绝大部分溶质元素在固相的溶解度小于液相[1]。在固液界面推进时，溶质元素不断从固相中排出，逐渐富集于凝固界面前沿的液相中，随着固液界面的推移，逐步形成微观偏析。在连铸凝固过程中，钢的密度随温度、溶质浓度、固液相变发生变化，产生了热浮力、溶质浮力、晶粒沉淀及凝固收缩等现象。此外，连铸过程受到坯壳鼓肚变形和支撑辊的挤压影响，造成两相区内溶质富集的液相与贫瘠的固相的相对移动，促进了溶质元素的大范围长距离传输，造成连铸坯宏观偏析的形成。在连铸坯中，宏观偏析的分布范围相对较大，在后续轧制和热处理过程中难以消除，导致轧材出现带状组织，从而影响了轧材的力学性能和产品质量的稳定性[2]。

2.1 多相凝固模型的建立

连铸多相凝固偏析模型需要考虑熔体流动、凝固传热、晶粒形核生长、溶质传输等行为，需要多个方程的相互耦合。由于连铸坯两相区长度约为 20 m，模型尺寸较大，计算量较大，求解时间较长。因此，在建立连铸多相凝固模型中，在保证准确性的前提下，做出如下假设[3]：

（1）在连铸过程中，凝固时发生固液相变。在多相凝固模型中，认为固、液相的密度和热导率恒定，采用 Boussinesq 方法考虑热溶质浮力作用下熔体流动行为[4]，忽略湍流对柱状晶粒破碎的影响。

（2）在枝晶生长过程中，溶质元素不断从固相中排出，并富集于枝晶间的液相。由于溶质元素的扩散能力有限，大部分溶质元素富集于枝晶之间，仅有少量溶质能够扩散到枝晶以外的液相。假定在枝晶尖端形成包裹，将枝晶间的液相与枝晶外的液相分开处理。同时，为了简化模型，假定柱状晶以圆柱状生长[5]，如图 2-1 所示。

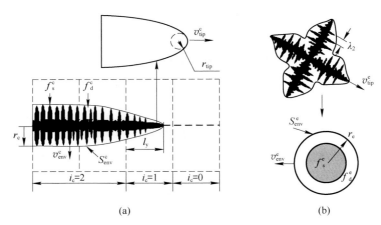

图 2-1　柱状晶（a）和等轴晶（b）生长示意图[3]
（图中物理量含义见式（2-3）~式（2-7））

（3）柱状晶相由固相的枝晶（f_s^c）和枝晶间溶质富集的液相（f_d^c）组成（$f_c = f_s^c + f_d^c$），并以拉坯速度移动。固相等轴枝晶（f_s^e）和枝晶间液相（f_d^e）共同组成等轴晶相（$f_e = f_s^e + f_d^e$），以相同的速度 $\boldsymbol{u}_e$ 在液相穴中移动。连铸凝固过程中，柱状晶相、等轴晶相、枝晶外液相体积分数同时满足关系式 $f_c + f_e + f_l = 1$。

（4）钢是多种溶质元素组成的合金，溶质元素在固相中的溶解度小于液相。在凝固过程中，Si、Mn、P、S 等元素偏析的分布与 C 元素的分布规律非常相似[6]。在模拟计算过程中，为了减小计算量和节约计算时间，仅考虑 C 元素在连铸凝固过程中的偏析行为。

（5）模拟计算过程中，认为铸坯凝固组织主要以柱状晶区和芯部等轴晶区为主，忽略铸坯表面形成的细小等轴晶区，仅考虑柱状晶相向等轴晶相的转变过程。

2.1.1　质量传输

连铸凝固过程中，在过冷驱动力的作用下，固液界面不断向液相中推进，同时固相枝晶和晶胞不断生长。多相凝固模型通过将固相枝晶、枝晶间液相和晶外液相视为不同相来处理，利用相间相互作用系数耦合微观枝晶的生长过程。对于柱状晶的生长，采用式（2-1）和式（2-2）描述[7]：

$$\frac{\partial}{\partial t}(f_c \rho) + \nabla(f_c \rho \boldsymbol{u}_c) = M_{lc} \tag{2-1}$$

$$\frac{\partial}{\partial t}(f_s^c \rho) + \nabla(f_s^c \rho \boldsymbol{u}_c) = M_{ds}^c \tag{2-2}$$

式中，ρ 为钢的密度，kg/m³；t 为时间，s；$\boldsymbol{u}_c$ 为凝固柱状晶相的移动速度，m/s；M_{lc} 为液相向柱状晶相的平均质量传递速率，kg/(m³·s)；M_{ds}^c 为晶间液相向柱状晶相的质量传递速率，kg/(m³·s)。

在柱状晶生长过程中，柱状晶垂直于铸坯表面向液相推进，由于柱状晶主干和尖端的生长方向不同，对每个网格单元分配状态变量 (i_c)，以标示柱状晶尖端的位置，如图2-1所示。柱状晶尖端位置状态变量标示为1，柱状晶主干标示为2，柱状晶前沿的液相标示为0。柱状晶尖端和主干部分的质量传递系数分别处理，通过式（2-3）描述。对于柱状晶尖端部分，同时存在枝晶尖端和径向方向的生长，系数 γ 为1；对于柱状晶枝干生长而言，主要是径向方向，因此系数 γ 为0。

$$M_{1c} = v_{env}^c S_{env}^c \rho + \gamma M_{tip} = (\phi_{env}^c v_{tip'}^c)(2\pi r_c f_1/\lambda_1^2)\rho + \gamma v_{tip}^c n_c \pi r_{tip}^2 \rho f_1 \qquad (2-3)$$

式中，v_{env}^c 为柱状晶晶胞的生长速率，m/s；S_{env}^c 为单位体积晶胞的界面面积，m^{-1}；M_{tip} 为柱状晶尖端的质量传递速率，kg/(m³·s)；ϕ_{env}^c 为柱状晶形貌参数；$v_{tip'}^c$ 为二次枝晶尖端生长速率，通过 LGK 模型确定[7]，m/s；r_c 为柱状晶生长平均半径，m；λ_1 为柱状晶一次枝晶间距，m；v_{tip}^c 为柱状晶尖端生长速率，通过 KGT 模型计算获得[8]，m/s；n_c 为柱状晶晶粒密度，m^{-3}，通过关系式 $n_c = f_c/(\pi r_c^2 l_y)$ 确定，其中，l_y 为柱状晶尖端生长长度，m；r_{tip} 为柱状晶尖端半径，m。柱状晶间液相向固相枝晶的体积平均质量传递系数通过式（2-4）表示：

$$M_{ds}^c = v_{sd}^c S_s^c \rho + \gamma M_{tip} = \frac{2D_1(c_1^* - c_d^c)}{\beta \lambda_2 f_d^c(c_1^* - c_s^*)} \times \frac{2f_d^c f_c}{\lambda_2}\rho + \gamma v_{tip}^c n_c \pi r_{tip}^2 \rho f_1 \qquad (2-4)$$

式中，v_{sd}^c 为柱状枝晶界面生长速率，m/s；S_s^c 为柱状枝晶单位体积的界面面积，m^{-1}；D_1 为溶质元素在液相中的扩散系数，m^2/s；β 为枝晶形貌的常数；λ_2 为柱状晶二次枝晶间距，m；c_d^c 为柱状晶晶间的液相溶质浓度（质量分数），%；c_1^* 和 c_s^* 分别为液相和固相的平衡溶质浓度（质量分数），分别表示为 $c_s^* = k_e c_1^*$ 和 $c_1^* = (T_1 - T_f)/m$，%。其中，k_e 为溶质在固液相间的平衡分配系数；T_1 为液相温度，K；T_f 为纯铁熔点，K；m 为溶质液相斜率，K^{-1}。

连铸过程中，随着熔体逐渐过冷，等轴晶粒在液相中形核并逐渐长大，等轴晶相间的质量传输可通过式（2-5）和式（2-6）描述：

$$\frac{\partial}{\partial t}(f_e \rho) + \nabla(f_e \rho \boldsymbol{u}_e) = M_{1e} \qquad (2-5)$$

$$\frac{\partial}{\partial t}(f_s^e \rho) + \nabla(f_s^e \rho \boldsymbol{u}_e) = M_{ds}^e \qquad (2-6)$$

式中，$\boldsymbol{u}_e$ 为等轴晶相的移动速度，m/s；M_{1e} 为液相向等轴晶相的体积平均质量传递速率，kg/(m³·s)；M_{ds}^e 为等轴晶间液相向固相的体积平均质量传递速率，kg/(m³·s)。在本书中，认为等轴晶相以球形逐渐生长，晶外液相向等轴晶相的质量传递速率表述为：

$$M_{1e} = v_{env}^e S_{env}^e \rho = (\phi_{env}^e v_{tip}^e)(4n_e \pi r_a^2 f_1)\rho \qquad (2-7)$$

式中，v_{env}^e 为等轴晶晶胞的径向生长速率，m/s；S_{env}^e 为单位体积等轴晶晶胞的界面面积，m^{-1}；ϕ_{env}^e 为等轴晶的形貌参数；v_{tip}^e 为等轴晶尖端的生长速率，通过LGK 模型计算确定；n_e 为等轴晶粒密度，m^{-3}；r_e 为等轴晶的生长半径，通过式 $f_e = n_e(4\pi/3)r_e^3$ 确定，m。等轴晶间液相向固相枝晶间的体积平均质量传输速率通过式（2-8）确定：

$$M_{ds}^e = v_{sd}^e S_s^e \rho = \frac{2D_1(c_1^* - c_d^e)}{\beta\lambda_2 f_d^e(c_1^* - c_s^*)} \times \frac{2f_d^e f_e}{\lambda_2}\rho \tag{2-8}$$

式中，v_{sd}^e 为等轴晶固液界面的生长速率，m/s；S_s^e 为等轴晶单位体积的界面积，m^{-1}；c_d^e 为等轴晶间液相溶质浓度（质量分数），%。

连铸凝固过程中，随着连铸坯温度的逐渐降低，柱状晶不断生长，铸坯中液相体积逐渐减少，液相的质量传输通过式（2-9）描述：

$$\frac{\partial}{\partial t}(f_1\rho) + \nabla(f_1\rho u_1) = -M_{lc} - M_{le} \tag{2-9}$$

式中，u_1 为液相的流动速度，m/s。

2.1.2　动量传输

连铸凝固过程中，柱状晶垂直于铸坯表面生长，并随着凝固坯壳移动。模型中，柱状晶相移动速度 u_c 设定为拉坯的速度，而对于液相的移动速度通过式（2-10）和式（2-11）描述[9]：

$$\frac{\partial}{\partial t}(f_1\rho u_1) + \nabla \cdot (f_1\rho u_1 u_1) = -f_1\nabla p + \nabla \cdot [f_1(\mu_1 + \mu_{t,m})(\nabla u_1 + (\nabla u_1)^T)] +$$
$$f_1\rho[\beta_T(T_{ref} - T_1) + \beta_c(c_{ref} - c_1)]g + U_{cl} + U_{el}$$
$$\tag{2-10}$$

$$\frac{\partial}{\partial t}(f_e\rho u_e) + \nabla \cdot (f_e\rho u_e u_e) = -f_e\nabla p + \nabla \cdot [f_e(\mu_e + \mu_{t,m})(\nabla u_e + (\nabla u_e)^T)] +$$
$$f_s^e\Delta\rho g + F_u(u_e - u_c) + U_{le} + U_{ce}$$
$$\tag{2-11}$$

式中，p 为压力，Pa；μ_1 为液相黏度，Pa·s；$\mu_{t,m}$ 为湍流黏度，通过混合湍流模型 k-ε 方程计算[10]；β_T 为线膨胀系数，K^{-1}，T_{ref} 为参考温度，K；β_c 为溶质膨胀系数；c_{ref} 为溶质参考浓度（质量分数），%；g 为重力加速度，m/s^2；μ_e 为等轴晶相黏度，通过式（2-12）描述。其中，f_{coh} 为等轴晶凝聚点的固相体积分数；$\Delta\rho$ 为固液相间的密度差，kg/m^3；F_u 为转换方程；U_{lc}、U_{le} 和 U_{ce} 分别为液相、柱状晶相、等轴晶相的相间动量传递系数。当等轴晶相的体积分数大于凝聚点时，固相枝晶网络逐渐形成，此时的两相区被视为多孔介质处理。

$$\mu_e = \mu_1[(1 - f_e/f_{coh})^{-2.5f_{coh}} - (1 - f_e)]/f_e \tag{2-12}$$

由于柱状晶从铸坯表面生长，并不随着液相流动而迁移，因此柱状晶区适合处理为多孔介质区，柱状晶对液相流动的阻力通过 Kozen-Carmon 方程[11] 处理，如式（2-13）所示：

$$U_{lc} = K_{lc}(\boldsymbol{u}_l - \boldsymbol{u}_c) = \frac{180(1-f_l)^3}{f_l^2 \lambda_2^2}(\boldsymbol{u}_l - \boldsymbol{u}_c) \tag{2-13}$$

式中，K_{lc} 为液相与柱状晶相的动量作用系数，$kg/(m^3 \cdot s)$。

对于等轴晶的凝固，初始形核生长的晶粒被液相包围，并随液相的流动而自由移动，此部分区域被视为糊状介质区，通常采用增加黏度的方法进行处理。当等轴晶相的体积分数增加到凝聚点后，枝晶臂相互接触，逐渐搭接形成固相网络。固相的枝晶网络一旦形成，随着已凝固的坯壳移动，此后仅有液相能够在等轴晶晶间流动，因此，该区域适合被视为多孔介质区。其中，液相与等轴晶间的动量传递通过式（2-14）~式（2-16）描述：

$$U_{le} = K_{le}(\boldsymbol{u}_l - \boldsymbol{u}_e) \tag{2-14}$$

$$K_{le} = \begin{cases} \dfrac{\beta^2 \mu_l}{r_e^2} f_l^2 & f_e \leqslant f_{coh} \\[3mm] \dfrac{180(f_s^e)^2 \mu_l}{(1-f_s^e)\lambda_2^2} & f_e > f_{coh} \end{cases} \tag{2-15}$$

$$\beta = \left[\frac{9}{2}(1-f_l) \times \frac{2+1.333(1-f_l)^{5/3}}{2-3(1-f_l)+3(1-f_l)^{5/3}-2(1-f_l)^2} \times \frac{1}{C_p(\phi_e)}\right]^{1/2} \tag{2-16}$$

式中，K_{le} 为液相与等轴晶相的动量作用系数，$kg/(m^3 \cdot s)$；$C_p(\phi_e)$ 为与枝晶生长形貌相关的系数。

2.1.3 凝固传热

连铸凝固过程中，在结晶器铜板和表面喷水的作用下，连铸坯表面和芯部热量不断散失，相变引起了凝固潜热逐渐释放，温度不断降低，液相逐渐凝固为固相。在多相凝固模型中，对液相、柱状晶相、等轴晶相的热焓方程分别进行处理并计算[12]。

$$\begin{aligned} \frac{\partial}{\partial t}(f_l \rho h_l) + \nabla \cdot (f_l \rho \boldsymbol{u}_l h_l) = {} & \nabla \cdot (f_l k_{eff} \nabla T_l) - (M_{lc} + M_{le})h^* + \\ & H^*(T_c - T_l) + H^*(T_e - T_l) \end{aligned} \tag{2-17}$$

$$\frac{\partial}{\partial t}(f_c \rho h_c) + \nabla \cdot (f_c \rho \boldsymbol{u}_c h_c) = \nabla \cdot (f_c k_{eff} \nabla T_c) + M_{lc}h^* + H^*(T_l - T_c) \tag{2-18}$$

$$\frac{\partial}{\partial t}(f_e \rho h_e) + \nabla \cdot (f_e \rho \boldsymbol{u}_e h_e) = \nabla \cdot (f_e k_{eff} \nabla T_e) + M_{1e} h^* + H^* (T_1 - T_e) \qquad (2\text{-}19)$$

式中，T_c、T_e、T_1 分别为柱状晶相、等轴晶相、液相的温度，K；h_c、h_e、h_1 分别为柱状晶相、等轴晶相、液相的热焓，其中，液相与等轴晶相或柱状晶相间的热焓差为凝固潜热，J/kg；k_{eff} 为熔体有效导热系数，W/($m \cdot K$)，通过式（2-20）计算，其中 k_t 为湍流导热系数。在模型中，假设各相热量局部平衡，在各相间设定较大的热传递系数，从而避免各相间的温度差别，其中 H^* 设定为 10^9 W/($m^3 \cdot K$)。

$$k_{eff} = k + (1 - f_1) k_t \qquad (2\text{-}20)$$

h^* 为相变热焓，为凝固过程液相转变为柱状晶相释放的凝固潜热；在枝晶重熔的过程中，柱状晶相或等轴晶相熔化转变为液相，吸收周围熔体的热量。因此，相变热焓通过凝固或熔化行为确定，通过式（2-21）描述：

$$h^* = \begin{cases} h_1 & (凝固，M_{1c}(或 M_{1e}) > 0) \\ h_c(或 h_e) & (熔化，M_{1c}(或 M_{1e}) < 0) \end{cases} \qquad (2\text{-}21)$$

2.1.4　溶质传输

钢凝固过程中，由于溶质元素在固、液相中化学势的差异，随着固液界面的推进，溶质元素不断从固相中排出而富集于枝晶间的液相。利用多相凝固模型分别对枝晶外的液相、枝晶间的液相、固相的枝晶进行处理，如图 2-2 所示。

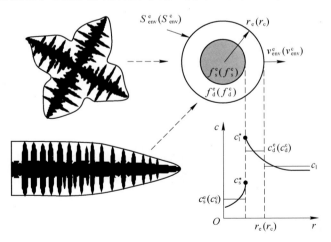

图 2-2　柱状晶相和等轴晶相的溶质浓度[3]

各相溶质传输控制方程如下：

$$\frac{\partial}{\partial t}(f_1 \rho c_1) + \nabla \cdot (f_1 \rho \boldsymbol{u}_1 c_1) = - C_{1c} - C_{1e} \qquad (2\text{-}22)$$

$$\frac{\partial}{\partial t}(f_c \rho c_c) + \nabla \cdot (f_c \rho \boldsymbol{u}_c c_c) = C_{lc} \tag{2-23}$$

$$\frac{\partial}{\partial t}(f_s^c \rho c_s^c) + \nabla \cdot (f_s^c \rho \boldsymbol{u}_c c_s^c) = M_{ds}^c c_s^* \tag{2-24}$$

$$\frac{\partial}{\partial t}(f_e \rho c_e) + \nabla \cdot (f_e \rho \boldsymbol{u}_e c_e) = C_{le} \tag{2-25}$$

$$\frac{\partial}{\partial t}(f_s^e \rho c_s^e) + \nabla \cdot (f_s^e \rho \boldsymbol{u}_e c_s^e) = M_{ds}^e c_s^* \tag{2-26}$$

式中，c_1 为枝晶外液相的溶质浓度（质量分数），%；c_c 为柱状晶相的溶质浓度（质量分数），%；c_s^c 为固相的柱状枝晶溶质浓度（质量分数），%；c_e 为等轴晶相的溶质浓度（质量分数），%；c_s^e 为固相的等轴枝晶溶质浓度（质量分数），%；C_{lc} 为液相向柱状晶相的平均溶质传输速率，kg/(m³·s)；C_{le} 为液相向等轴晶相的平均溶质传输速率，kg/(m³·s)。相间溶质传递速率通过式（2-27）和式（2-28）表述：

$$C_{lc} = (v_{env}^c S_{env}^c \rho c_{env}^c + \gamma M_{tip}^c c_s^*) - \rho S_{env}^c \frac{D_1(c_{env}^c - c_1)}{l_1^c} Sh \tag{2-27}$$

$$C_{le} = v_{env}^e S_{env}^e \rho c_{env}^e - \rho S_{env}^e \frac{D_1(c_{env}^e - c_1)}{l_1^e} Sh \tag{2-28}$$

式中，c_{env}^c 为柱状晶相晶胞附近的液相溶质浓度（质量分数），%；c_{env}^e 为等轴晶相晶胞附近的液相溶质浓度（质量分数），%。c_{env}^c 通过关系式 $c_{env}^c = (l_d c_1 + l_1^c c_d^c)/(l_d + l_1^c)$ 和 $c_{env}^e = (l_d c_1 + l_1^e c_d^e)/(l_d + l_1^e)$ 获得，其中，l_d 为枝晶间液相溶质扩散长度，通过关系式 $l_d = (\beta \lambda_2 f_d^e)/(2f_e)$ 确定，l_1^c 和 l_1^e 为柱状晶和等轴晶晶外溶质扩散长度，分别通过关系式 $l_1^c = D_1/v_{env}^c$ 和 $l_1^e = D_1/v_{env}^e$ 确定，m。Sh 为舍伍德数，通过关系式 $Sh = 2 + 0.95 Re^n Sc^{0.33}$ 确定，Re 和 Sc 分别为雷诺数和施密特数，n 为常数。

连铸多相凝固模型中，液相、柱状晶相和等轴晶相的溶质浓度共同决定了连铸坯偏析行为。采用体积平均法计算混合溶质浓度，以表征铸坯的宏观偏析程度，其中混合溶质浓度如式（2-29）所示：

$$c_{mix} = f_1 c_1 + f_c c_c + f_e c_e \tag{2-29}$$

2.1.5 柱状晶尖端跟踪

高温钢液在结晶器铜板的冷却作用下，表面温度迅速降低，柱状晶以垂直于铸坯表面的方式不断向液相穴中推进。由于柱状晶区对熔体的流动产生较大影响，在多相模型中需要对柱状晶相进行特别处理，并对柱状晶尖端位置进行跟踪，以划分柱状晶区和液相区，如图 2-3 所示。其中 u_{cast} 为拉坯速度，m/s。

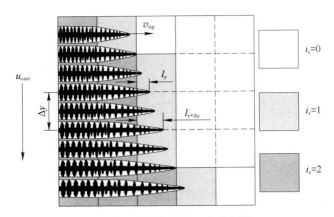

图 2-3　柱状晶尖端跟踪示意图

在多相凝固模型中，为每个单元分配状态参数（i_c），以标记当前体积单元所处的状态。模型初始设定为液态（$i_c = 0$），在结晶器冷却的作用下，柱状晶垂直于铸坯表面生长，因此在弯月面附近，铸坯表面的状态参数表示为柱状晶尖端（$i_c = 1$）。随着铸坯温度的降低，柱状晶尖端以一定的速度（v_{tip}^c）向液相穴中推进。

在铸锭凝固过程中，枝晶间的相对位置固定，柱状晶仅向液相单向推进[13]。但是，在凝固过程中，连铸坯不断从结晶器中拉出进入二次冷却区，因此柱状晶的生长长度和尖端位置需要沿着拉坯方向传递。为此，基于枝晶尖端生长速率和拉坯速度，建立柱状晶尖端动态跟踪模型，以计算枝晶尖端的位置。计算公式如下：

$$l_{y+\Delta y} = l_y + \int_{\tau}^{\tau+\Delta\tau} v_{tip}^c \mathrm{d}\tau \qquad (2\text{-}30)$$

式中，l_y 和 $l_{y+\Delta y}$ 分别为不同位置处的枝晶尖端生长长度，其中 Δy 为拉坯方向的特征长度；$\Delta\tau$ 为基于特征长度和铸坯移动速度的时间间隔，采用关系式 $\Delta\tau = \Delta y/u_{c,y}$ 获得，s。当柱状晶尖端的生长长度 l_y 达到特征长度 l_{ref} 时，说明柱状晶尖端穿过此生长单元，此单元转为柱状晶主干，同时状态参数从 1 变为 2。同时，与柱状晶尖端相邻的液相单元的状态参数由 0 转变为 1，成为新的柱状晶尖端生长位置。此时，柱状晶生长长度为 $l_{y,new} = l_y - l_{ref}$，在新的时间步长内进行积分运算。当柱状晶尖端生长时间达到 $\Delta\tau$ 时，柱状晶尖端位置和生长长度沿拉坯方向传递，随后进入新的计算周期。

2.1.6　等轴晶粒形核

在结晶器铜板冷却作用下，柱状晶从铸坯表面垂直生长，液相穴中熔体温度逐渐降低。当达到一定过冷度时，晶粒在液相中形核，并随着液相流动而迁移，等轴晶粒的形核通过式（2-31）获得：

$$\frac{\partial n_e}{\partial t} + \nabla \cdot (\boldsymbol{u}_e n_e) = N \tag{2-31}$$

式中，n_e 为晶粒密度，m^{-3}；N 为等轴晶形核速率，$\mathrm{m}^{-3}/\mathrm{s}$，通过关系式 $N = [\mathrm{d}n_e/\mathrm{d}(\Delta T)] \times [\mathrm{d}(\Delta T)/\mathrm{d}t]$ 确定，$\mathrm{d}n_e/\mathrm{d}(\Delta T)$ 为描述形核晶粒的分布情况，ΔT 为熔体过冷度，K。采用连续形核模型，模型设定形核密度服从高斯分布，通过式（2-32）表述：

$$\frac{\mathrm{d}n}{\mathrm{d}(\Delta T)} = \frac{n_{\max}}{\sqrt{2\pi} \times \Delta T_\sigma} \times e^{-\frac{1}{2}\left(\frac{\Delta T - \Delta T_N}{\Delta T_\sigma}\right)^2} \tag{2-32}$$

式中，$n_{\max}$ 为等轴晶粒形核过程的最大形核密度，m^{-3}；ΔT_N 为平均形核过冷度，K；ΔT_σ 为晶粒分布的标准偏差，K。

晶粒形核过程中，需要获得过冷度随时间变化的关系 $\mathrm{d}(\Delta T)/\mathrm{d}t$，以计算晶粒的形核速率。在传统铸锭凝固过程中，过冷度可以根据当前体积单元的溶质浓度和温度，采用关系式 $\Delta T = T_f + mc_1 - T_1$ 直接获得，其中 m 为液相线斜率，$℃/\%$。然而，在连铸凝固过程中，高温钢液不断从浸入式水口进入结晶器中，表面凝固的铸坯逐渐被拉出，进入二冷区中。当连铸凝固过程进入稳定状态时，模型中的体积单元温度和溶质浓度不再随时间变化，因此，采用传统方法 $\mathrm{d}(\Delta T)/\mathrm{d}t$ 获得等轴晶粒形核将不再适用。然而，对于稳态浇铸而言，流体微元体从位置 P_1 移动到位置 P_2 和 P_3 的过程中，流体微元体的液相温度 T_1 和溶质浓度 c_1 随液相流动而连续发生变化，如图 2-4 所示。因此，本书基于微元体温度梯度和溶质浓度提出了适用于连铸凝固过程的等轴晶粒形核模型。

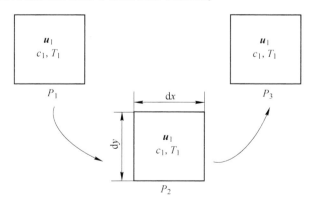

图 2-4　流体控制微元体[14]

$$\frac{\mathrm{d}(\Delta T)}{\mathrm{d}t} = m\boldsymbol{G}_{c,1} \cdot \boldsymbol{u}_1 - \boldsymbol{G}_{T,1} \cdot \boldsymbol{u}_1 \tag{2-33}$$

式中，$G_{c,l}$ 为液相溶质浓度梯度，m^{-1}；$G_{T,l}$ 为液相温度梯度，K/m。当晶粒密度达到最大形核密度时，熔体停止形核。当等轴晶相体积分数小于 0.001 时，晶粒随熔体温度的升高而熔化。

2.2 边界条件

在数学模型中，需要施加合理的边界条件，以计算凝固过程中熔体流动、凝固传热、晶粒生长和溶质传输等现象，分析连铸凝固过程中的溶质偏析形成过程。

2.2.1 入口边界条件

高温钢液以一定的温度 T_0 和初始溶质浓度 c_0 通过浸入式水口进入结晶器中，入口速度根据质量守恒确定，通过铸坯的拉坯速度、铸坯断面面积、水口横截面面积等计算获得，如式（2-34）所示。

$$v_{in} = \frac{u_c S_{out}}{60 S_{in}} \tag{2-34}$$

式中，v_{in} 为钢液的入口速度，m/s；S_{out} 为铸坯截面面积，m^2；S_{in} 为水口的截面面积，m^2。

湍流动能 k_{in} 和耗散率 ε_{in} 通过式（2-35）和式（2-36）获得[15]。

$$k_{in} = 0.01 v_{in} \tag{2-35}$$

$$\varepsilon_{in} = k_{in}^{1.5}/D \tag{2-36}$$

式中，D 为水力学直径，即水口直径，m。

2.2.2 自由液面边界条件

在计算过程中，不考虑结晶器保护渣的存在以及钢渣界面波动的影响，可认为钢渣界面为自由液面，且设定垂直于自由液面的速度分量及其他变量沿法线方向的梯度均为 0，如式（2-37）所示。此外，假定钢渣界面顶部不考虑保护渣的存在，并设定为绝热边界条件。

$$\frac{\partial u_x}{\partial y} = \frac{\partial u_z}{\partial y} = \frac{\partial k}{\partial y} = \frac{\partial \varepsilon}{\partial y} = \frac{\partial T}{\partial y} = u_y = 0 \tag{2-37}$$

2.2.3 出口边界条件

在模型建立过程中，建立了从结晶器到凝固末端的数学模型。在铸流的出口处，各物理量在该界面的法向导数均为 0，认为流动为完全充分发展流动。

2.2.4 铸坯表面边界条件

在动量传输方面，铸坯表面垂直于壁面的速度分量为 0，平行于壁面的分量采用无滑移边界条件，即速度梯度为 0。在热量传输方面，结晶器铜板与铸坯表面接触，通过铜板冷却水的方式导出热量；在二冷区则通过铸坯表面喷水（水雾）的方式冷却；在空冷区，主要通过铸坯表面向空间辐射散失热量。因此，连铸坯表面的传热边界条件不尽相同，应该分开处理。

2.2.4.1 结晶器

根据 Savage 和 Pritchard[16] 的研究，在铸坯的拉坯速度为 1.0 m/min 时，低碳钢浇铸过程中，依据水冷结晶器热流与钢液停留时间之间的关系，得出了结晶器壁与铸坯界面间的热流密度关系式，如式（2-38）所示。

$$q = 2.68 - B\sqrt{t} = 2.68 - B\sqrt{\frac{y}{u_c}} \tag{2-38}$$

式中，q 为铸坯表面热流的密度，MW/m^2；B 为根据具体结晶器水流密度、回温、结晶器铜板高度等确定的常数；t 为停留时间，s；y 为计算位置到结晶器弯月面间的距离，m。

2.2.4.2 二冷区

在二冷区中，通过表面喷水（雾）的蒸发作用将铸坯表面的热量散失，表面温度逐渐降低，铸坯中心与表面之间形成较大的温度梯度。铸坯通过传导方式实现热量的散失，芯部液相不断凝固。二冷区中，铸坯热量的散失方式包括辐射散热、喷水雾蒸发、喷淋水滴浸渍和辊子与铸坯间的接触传热[17]，如图 2-5 所示。

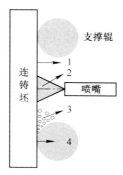

图 2-5 二冷区铸坯表面的传热方式[17]

1—辐射散热，25%；2—喷水雾蒸发，33%；

3—喷淋水滴浸渍，25%；4—辊子与铸坯间的接触传热，17%

根据 Nozaki 等[18]提出的经验公式处理连铸过程中二冷区的传热行为，通过连铸坯表面的水流密度获得换热系数，如式（2-39）所示。

$$h_{\mathrm{w}} = \frac{1570W^{0.55}(1 - 0.0075T_{\mathrm{w}})}{\alpha} \qquad (2\text{-}39)$$

式中，h_{w} 为综合换热系数，$\mathrm{W/(m^2 \cdot K)}$；W 为二冷区各区的平均水流密度，$\mathrm{L/(m^2 \cdot s)}$；T_{w} 为冷却水的水温，℃；α 为根据连铸机实际生产条件确定的校正参数。

2.2.4.3　空冷区

在空冷区中，连铸坯表面不再喷水冷却，而是通过表面向空间辐射换热散失热量。模拟计算过程中，为了提高模型计算速度，减少计算时间，将辐射换热转变为对流传热系数，如式（2-40）和式（2-41）所示。

$$\begin{aligned}
q &= \sigma\varepsilon(T_{\mathrm{suf}}^4 - T_{\mathrm{amd}}^4) \\
&= \sigma\varepsilon(T_{\mathrm{suf}}^2 + T_{\mathrm{amd}}^2)(T_{\mathrm{suf}} + T_{\mathrm{amd}})(T_{\mathrm{suf}} - T_{\mathrm{amb}}) \qquad (2\text{-}40) \\
&= h_{\mathrm{e}}(T_{\mathrm{suf}} - T_{\mathrm{amb}})
\end{aligned}$$

$$h_{\mathrm{e}} = \sigma\varepsilon(T_{\mathrm{suf}}^2 + T_{\mathrm{amd}}^2)(T_{\mathrm{suf}} + T_{\mathrm{amd}}) \qquad (2\text{-}41)$$

式中，σ 为斯忒藩–玻耳兹曼常数，数值约为 $5.670\times10^{-8}\ \mathrm{W/(m^2 \cdot K^4)}$；$\varepsilon$ 为黑体辐射系数；T_{suf} 为铸坯表面温度，K；T_{amb} 为环境温度，K；h_{e} 为等效对流换热系数，$\mathrm{W/(m^2 \cdot K)}$。

2.3　多物理场相互耦合

多相凝固模型能够同时考虑微观晶粒形核生长和宏观流体流动行为，采用基于有限体积法模拟计算的 FLUENT 软件，可实现多个方程的相互耦合，以计算分析连铸凝固过程中的熔体流动、凝固传热、溶质传输和晶粒生长等现象。其中多相模型的计算流程如图 2-6 所示。

在模型的计算过程中，液相和柱状晶相共享同一个压力场，采用多相耦合的 SIMPLE 方法进行计算。在每个子步迭代之前，采用柱状晶尖端动态跟踪模型对柱状晶尖端位置和生长长度进行更新，并沿拉坯方向实现数据传递。在迭代过程中，首先更新材料的物理属性和中间变量，其次计算各相之间的传递系数（如 M_{lc}、$M_{\mathrm{ds}}^{\mathrm{c}}$、$U_{\mathrm{lc}}$、$C_{\mathrm{lc}}$）以及方程的源项。随后，同时计算质量、动量、热量、溶质传输以及晶粒形核方程，各相之间通过相间传递系数和源项实现相互耦合。

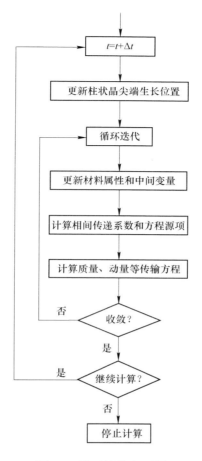

图 2-6　模型计算流程[14]

2.4　连铸坯宏观偏析的影响因素

在连铸凝固过程中，钢液受到热浮力、溶质浮力、晶粒沉淀、凝固收缩、热收缩、鼓肚变形等多种外力的作用，影响了两相区的液相流动与溶质传输行为，造成了铸坯宏观偏析的形成。

宏观偏析的产生机理主要包括枝晶搭桥理论、空穴抽吸理论和热溶质浮力理论等。其中空穴抽吸理论中存在两种方式，分别为铸坯凝固收缩引起的空穴抽吸和坯壳鼓肚变形的抽吸。目前，对连铸坯中心偏析的形成机理仍不清晰。本书建立了从弯月面至凝固末端的板坯连铸二维模型，详细考察了凝固收缩、热收缩、鼓肚变形、晶粒沉淀和热浮力等外力作用下的液相流动和溶质传输行为，分析各因素对连铸坯偏析分布规律的影响，研究板坯中心偏析的形成机理。在多相凝固模型中，钢的浇铸参数、热物性参数、连铸工艺参数等见表 2-1。在凝固过程中，通过在连铸坯表面施加一定的热流密度，模拟研究连铸坯的凝固行为，其中热流密度沿拉坯方向的分布如图 2-7 所示，假定各冷却区的冷却强度均匀分布。

表 2-1　材料属性和过程参数[19]

材料属性和过程参数	数值
黏度 $\mu_l/Pa \cdot s$	0.006
初始碳含量（质量分数）$c_0/\%$	0.17
液相扩散系数 $D_l/m^2 \cdot s^{-1}$	2.0×10^{-9}
碳分配系数 k_e	0.34
液相膨胀系数 β_l/K^{-1}	9.0×10^{-5}
固相膨胀系数 β_s/K^{-1}	7.0×10^{-5}
热导率 $k/W \cdot (m \cdot K)^{-1}$	35
液相斜率 m/K^{-1}	-8300
最大形核密度 n_{max}/m^{-3}	3×10^9
平均形核过冷度 $\Delta T_N/K$	6
过冷度标准偏差 $\Delta T_\sigma/K$	1.5
拉坯速度 $u_{cast}/m \cdot min^{-1}$	0.9
浇铸温度 T_0/K	1823.9

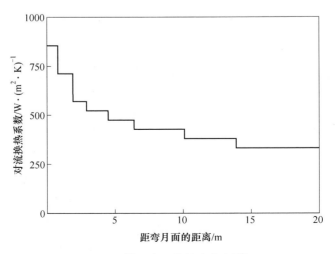

图 2-7　铸坯表面的热流密度[19]

2.4.1　凝固收缩的影响

凝固收缩是由于固相与液相密度不同，在液相与固相转变的过程中引发的体积收缩。本节仅考虑凝固收缩条件下，两相区的液相流动和溶质传输行为，假设钢液以柱状晶的方式进行生长，重力引起的熔体流动将暂不考虑，其中固相密度为 7220 kg/m^3，液相密度为 7000 kg/m^3。图 2-8 为连铸坯纵截面的液相体积分数分布情况。在结晶器铜板冷却和连铸坯表面喷水的作用下，钢液温度逐渐降低，柱状晶从铸坯表面向液相穴中推进，随着弯月面距离的增加，凝固坯壳厚度不断增大。在凝固终点附近，连铸坯中心的残余液相逐渐减少，最终完成凝固进程。

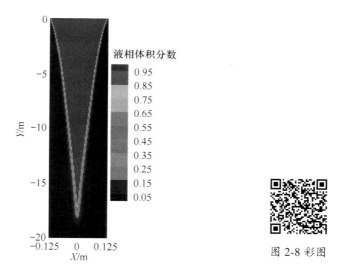

图 2-8 彩图

图 2-8　连铸坯纵截面的液相体积分数分布[19]

为了深入了解两相区的熔体流动和溶质分布，本书对凝固终点附近液相的流动行为进行了分析。图 2-9 为距离弯月面 18.1 m 处液相体积分数和纵向流动速度沿厚度方向的分布，其中 X 代表连铸坯厚度方向。可以看出，铸坯边缘已经完全凝固，而铸坯中心仍然存在一定量的液相。由于拉坯方向与坐标系方向相反，芯部钢液流动速度为负值。这主要是因为固相密度大于液相密度，在液相向固相转变过程中存在一定的体积收缩。两相区需要通过液相流动补充凝固收缩，因此芯部的液相流动速度明显大于拉坯速度。

图 2-10 为凝固终点附近液相流动速度沿连铸坯厚度方向的变化情况。可以看出，铸坯外弧侧液相的流动速度为负值，而内弧侧为正值，表明液相从铸坯中心向柱状晶根部流动。

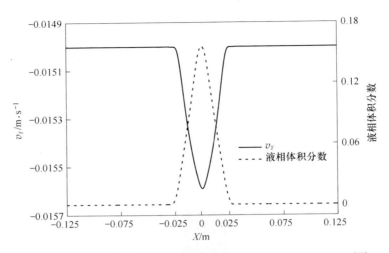

图 2-9　凝固终点附近液相体积分数和液相纵向流动速度的分布[19]

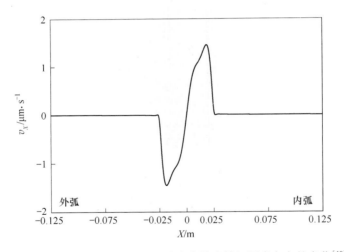

图 2-10　凝固终点附近液相流动速度沿连铸坯厚度方向的变化[19]

　　在柱状晶向液相穴推进的过程中，由于固相的密度大于液相，因此抽吸柱状晶尖端液相以补充体积收缩，如图 2-11 所示。在凝固收缩的作用下，液相穴内的钢液沿拉坯方向的凝固终点移动，并向柱状晶根部流动，以补充凝固相变过程中引起的体积收缩。

　　由于溶质元素在固相和液相中溶解度的差异，随着柱状晶的生长，溶质元素不断从固相中排出而富集于枝晶间的液相。图 2-12 为凝固末端附近不同相的溶质浓度沿连铸坯厚度方向的分布。可以看出，液相溶质浓度明显高于柱状晶相，

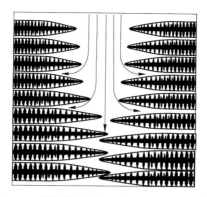

图 2-11 凝固终点附近液相流动示意图[19]

且分布不均匀，铸坯中心溶质浓度较低。随着距连铸坯中心距离的增加，溶质浓度明显上升，在柱状晶根部附近达到最大。这是由于钢液在凝固过程中固相排出的溶质元素不断向液相中扩散传输。由于枝晶间的液相不断减小，排出的溶质元素在残余液相中富集，造成两相区中溶质浓度快速增加。在铸坯凝固收缩流动的作用下，促进了排出的溶质元素随着液相流动的长距离迁移，显著影响了溶质偏析的分布。

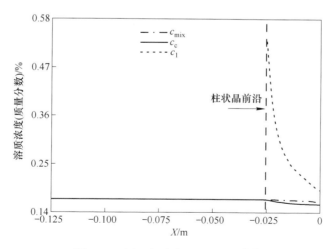

图 2-12 凝固末端附近溶质浓度[19]

图 2-13 为溶质元素在铸坯厚度方向的偏析分布特征。可以看出，在铸坯边缘，溶质浓度存在一定的波动，主要是由于凝固过程的不稳定性。在铸坯中部存在微弱的正偏析，这是由于凝固收缩产生了负压，抽吸溶质富集的液相向柱状晶根部流动，促进排出的溶质元素向柱状晶根部迁移。在连铸坯中心附近，溶质浓度迅

速降低，形成中心负偏析。由此得出，凝固收缩作用下两相区液相的流动显著影响铸坯宏观偏析的分布，然而单纯的凝固收缩并不是造成铸坯中心偏析的主要原因。

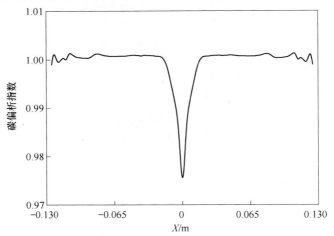

图 2-13　连铸坯溶质偏析分布[19]

2.4.2　热收缩的影响

在凝固过程中，随着温度的降低，固相密度逐渐增大。固相热收缩与密度变化之间存在着一一对应关系，如式（2-42）所示。

$$
\begin{aligned}
\varepsilon_{V} &= \frac{V_2 - V_1}{V_1} = \frac{(m/\rho_2) - (m/\rho_1)}{(m/\rho_1)} \\
&= \frac{\rho_1 - \rho_2}{\rho_2} \\
&= \frac{\beta_s(T_1 - T_2)}{1 + \beta_s(T_2 - T_{ref})} \\
&= 3\varepsilon_1 + o(\varepsilon_1^2)
\end{aligned}
\tag{2-42}
$$

式中，V_1 和 V_2 为不同温度时的单元体积，m^3；m 为当前单元的质量，kg；ρ_1 和 ρ_2 为单元温度变化前后的固相密度，kg/m^3；β_s 为固相热收缩系数，设定为 7.0×10^{-5} K^{-1}；T_1 和 T_2 为体积单元的温度，K；T_{ref} 为参考温度，K；ε_V 和 ε_1 分别为体积收缩率和线收缩率；o 为高阶无穷小。

在热收缩模型中，将连铸坯划分为 4 个区域，如图 2-14 所示，分别为液相区（Ⅰ）、糊状区（Ⅱ）、中心未完成凝固的固相坯壳区域（Ⅲ）和完全凝固的铸坯区（Ⅳ）。在区域（Ⅰ）中，熔体温度仍然较高，存在着大量的液相，在此区域中凝固尚未开始，没有固相的热收缩现象，因此不考虑。在区域（Ⅱ）中，柱状晶和等轴晶逐渐形核生长，热收缩速率通过式（2-43）获得。

$$u_{c,x} = \frac{\Delta x}{\Delta t} = \int_0^X \frac{-\beta_s}{3\left[1+\beta_s(T_s-T_{ref})\right]}\frac{\Delta T_s}{\Delta t}\mathrm{d}x \quad (0 \leqslant X \leqslant l_c) \quad (2\text{-}43)$$

式中，Δt 为单位时间，s；Δx 为单位时间 Δt 内的线收缩量，m；T_s 为柱状晶相或等轴晶相的温度，K；X 为计算收缩速度的位置，m。

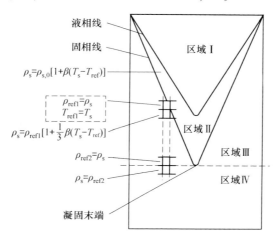

图 2-14　连铸坯凝固时不同区域的划分[19]

由于线性收缩仅能弥补部分体积收缩，剩余的体积收缩需通过枝晶间液相的相对流动来补充。对于区域（Ⅲ）而言，液相已经完成凝固，此时坯壳完全为固相，体积收缩无法通过液相流动补充。因此，仅考虑三分之一的体积收缩，通过单向的线性收缩完全补偿体积收缩，并更新单元记录的参考温度 T_{ref1} 与密度 $\rho_{s,ref1}$，沿拉坯方向以拉坯速度传递。当连铸坯中心液相完全消失后，区域（Ⅳ）中的铸坯完成凝固，热收缩行为对铸坯溶质宏观偏析行为不产生影响。因此，区域（Ⅳ）中的热收缩将不再考虑，同时记录并更新单元参考密度 $\rho_{s,ref2}$。在后期凝固过程中，固相密度将不再发生变化。

在多相凝固模型中，将柱状晶相或等轴晶相的厚度方向移动速度设定为收缩速率，以实现热收缩模型与多相凝固模型的相互耦合。根据建立的热收缩模型，计算凝固冷却过程中固相的收缩行为。本节认为凝固铸坯以柱状晶的方式生长，忽略重力作用下诱导的自然对流的影响。

图 2-15 为连铸过程中柱状晶尖端热收缩速率和温度沿拉坯方向的变化情况。从图中可以看出，柱状晶尖端在结晶器中收缩速率较大，主要由于结晶器冷却强度较大，导致连铸坯表面温度迅速降低。随着距弯月面距离的增加，冷却速率逐渐降低，柱状晶尖端的收缩速率明显减小。在二冷区各区的交接处，柱状晶尖端收缩速率出现一定波动，而温度基本在小范围内波动。因此可以得出，连铸坯表面的冷却速率影响到了柱状晶尖端的热收缩行为。在连铸坯凝固终点附近，芯部

钢液逐渐完成凝固，两相区中蕴含的潜热明显减少。随着凝固的继续进行，中心温度迅速降低，诱导柱状晶尖端产生强烈的体积收缩。为了更清楚地认识凝固末端两相区内熔体的流动行为，本书分别对凝固末端 A1、B1、C1 位置处的柱状晶收缩、液相流动、溶质传输行为进行研究，其距结晶器弯月面的距离分别为17.6 m、18.3 m 和 18.6 m。

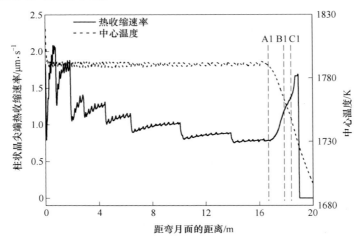

图 2-15　柱状晶尖端热收缩速率和温度沿拉坯方向的变化[19]

　　图 2-16 为 A1 处液相体积分数和纵向流动速度沿连铸坯厚度方向的变化情况。可以看出，铸坯中心仍然存在一定量的液相，在热收缩的作用下，液相的纵向流动速度明显大于拉坯速度。这是由于固相在热收缩作用下发生体积收缩，两相区中的液相流动补充了热收缩。

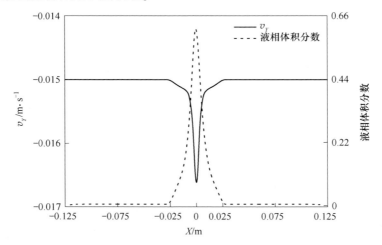

图 2-16　位置 A1 处的液相体积分数和纵向流动速度沿厚度方向的变化[19]

从图 2-17 中可以看出，在内弧侧，柱状晶相和液相的移动速度均大于 0，且液相的流动速度明显大于柱状晶相；在外弧侧，液相与柱状晶相的移动速度均小于 0，且液相比柱状晶相速度更小。这种速度分布特征与考虑凝固收缩作用下的液相流动类型非常相似。这主要是随着铸坯温度降低，固相密度逐渐增加，固相热收缩需要两相区液相流动进行补充，使液相从连铸坯中心向柱状晶根部流动。

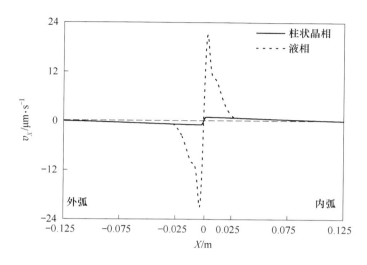

图 2-17 位置 A1 处液相和柱状晶相厚度方向移动速度的变化[19]

图 2-18 为位置 B1 处液相和柱状晶相厚度方向移动速度的变化情况。与位置 A1 处的收缩行为相比，此时铸坯中心温度已经开始快速降低，固相收缩速率明显增加。虽然固相收缩趋势没有变化，但糊状区中液相的流动速度却明显不同。在铸坯中心附近，液相流动方向与柱状晶收缩速率方向相同，说明铸坯中心处的液相从柱状晶尖端向柱状晶根部移动，以补充由于固相密度变化而引起的体积收缩。然而在柱状晶根部，液相流动速度发生了明显改变，其流动方向与柱状晶收缩方向相反。这是由于凝固末端中心液相温度减小，柱状晶相的收缩速率明显增加。在固相挤压作用下，引起枝晶根部液相向铸坯中心的反向流动。

图 2-19 为位置 C1 处液相和柱状晶相厚度方向移动速度的变化情况。与位置 B1 的收缩行为相比，两相区中固相柱状晶的收缩速率明显增大，液相的流动速度与柱状晶的收缩方向完全相反，热收缩改变了两相区液相的流动行为。在铸坯凝固末端附近，随着中心温度迅速降低，促进了柱状晶尖端的收缩速率明显加快。在固相挤压的作用下，最终导致两相区液相的反向流动，显著影响了溶质元素的传输行为。

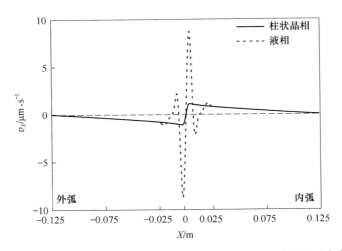

图 2-18　位置 B1 处液相和柱状晶相厚度方向移动速度的变化[19]

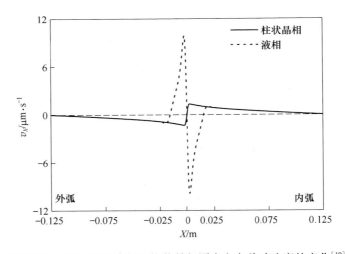

图 2-19　位置 C1 处液相和柱状晶相厚度方向移动速度的变化[19]

　　图 2-20 为连铸坯凝固末端不同位置处冷却速率沿厚度方向的变化情况。随着距弯月面距离的增加，铸坯中心液相逐渐完成凝固，两相区蕴含的热量减小。在凝固末端，连铸坯中心液相减少，温度迅速降低，导致中心冷却速率快速上升，柱状晶根部的冷却速率也随之增加。温度的降低会导致热收缩现象的产生，冷却速率的加快进一步促进了柱状晶尖端的热收缩行为。

　　图 2-21 清晰地显示了位置 A1、B1、C1 处的液相流动行为。在位置 A1 处，固相收缩速率较小，液相从铸坯中心向枝晶根部流动，以补充凝固坯壳的热收缩行

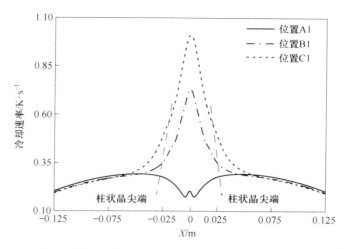

图 2-20 连铸坯凝固末端不同位置处的冷却速率沿厚度方向的变化[19]

为。在位置 B1 处，铸坯的收缩速率增加到一定程度，柱状晶根部的液相开始出现反向流动，然而在枝晶尖端，液相仍然沿收缩方向流动，以补充体积收缩。在接近凝固末端的位置 C1 处，铸坯中心的冷却速率显著增加，引起柱状晶的收缩速率快速增大，最终导致枝晶间液相完全反向流动。由于晶间液相的溶质浓度较高，而固相溶质浓度较低，随着固、液相的相对流动，偏析溶质元素发生重新分布。

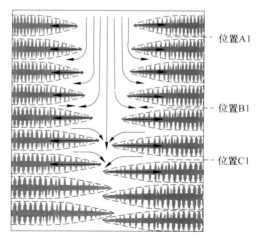

图 2-21 连铸坯凝固末端枝晶间液相的流动行为[19]

图 2-22 为连铸坯的溶质偏析和液相体积分数沿拉坯方向的变化情况。从图中可以看出，在达到凝固位置 A1 处时，铸坯中心液相的溶质浓度呈现逐渐减小的趋势，这是由于柱状晶的收缩速率较小，液相从铸坯中心向柱状晶根部流动，

促进偏析溶质元素的径向迁移，导致连铸坯中心溶质浓度逐渐减小。随着连铸坯凝固的逐步进行，中心附近的温度迅速降低，冷却速率明显加快，造成柱状晶收缩速率的显著增加，最终导致偏析液相的反向流动。从位置 B1 处到位置 C1 处，中心溶质浓度出现快速上升，中心偏析程度逐步形成。从图中还可以得出，在接近凝固终点附近，连铸坯中心的溶质浓度仍有较为明显的上升。当液相消失后，连铸坯溶质偏析已经形成，在后期冷却过程中不再改变。

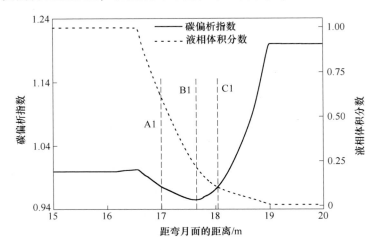

图 2-22　连铸坯碳偏析指数和液相体积分数沿拉坯方向的变化[19]

图 2-23 为凝固铸坯碳偏析指数沿厚度方向的分布。可以看出，随着距连铸坯表面距离的增加，溶质偏析出现一定的波动，主要是由于连铸过程中的不稳定

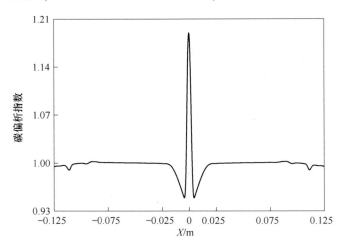

图 2-23　连铸坯碳偏析指数沿厚度方向的分布[19]

性造成。在铸坯中心附近，溶质偏析程度首先降低，随后溶质浓度快速上升，在铸坯中心形成正偏析，而在中心边缘两侧形成负偏析。这主要是由于凝固末端附近的强烈热收缩，导致两相区液相被挤压向中心的反向流动，促进了两相区溶质元素的扩散传输，从而形成了中心正偏析和边缘负偏析。由此可以得出，固相热收缩诱导液相的反向流动，造成了连铸坯中心正偏析和边缘负偏析的形成。

2.4.3 鼓肚变形的影响

在结晶器内，由于铜板的支撑，连铸坯壳不发生鼓肚变形。当连铸坯从结晶器拉出进入二冷区时，在钢水静压力的作用下，坯壳在支撑辊之间发生鼓肚变形，如图 2-24 所示。随着凝固的进行，坯壳厚度逐渐增加，鼓肚变形逐渐减小，坯壳形貌可用式（2-44）表示[20]。

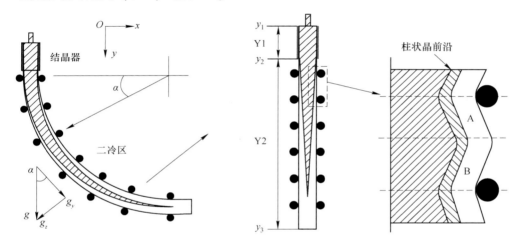

图 2-24 连铸坯鼓肚变形

$$x^{\text{suf}} = \begin{cases} \dfrac{t_{\text{h}}}{2} & \text{(Y1)} \\ \dfrac{t_{\text{h}}}{2} - \dfrac{b_0}{2} \times \dfrac{(t_{\text{h}}/2 - t_{\text{sl}})f_1^{\text{cent}}}{t_{\text{h}}/2} \times \left\{ \cos\left[\dfrac{2\pi(y - y_2)}{d}\right] - 1 \right\} & \text{(Y2)} \end{cases} \qquad (2\text{-}44)$$

式中，t_{h} 为连铸坯厚度；b_0 为鼓肚变形量；t_{sl} 为坯壳厚度；f_1^{cent} 为连铸坯中心液相体积分数；y 为纵坐标变量；y_1 为弯月面位置坐标；y_2 为结晶器出口位置坐标；d 为支撑辊间距。在结晶器区（Y1），由于铜板的支撑，坯壳鼓肚变形量为 0，因此沿厚度方向坯壳的移动速度为 0。

$$u_{b,x}^{\text{Y1}} = 0 \qquad (2\text{-}45)$$

在二冷区（Y2）中，坯壳在支撑辊间鼓肚变形，因此坯壳表面的移动速度可通过式（2-46）表示。

$$u_{s,x}^{suf,Y2} = u_{s,y} \frac{\partial x^{suf}}{\partial y} = u_{s,y}\left(\frac{2\pi b_0(t_h/2 - t_{sl})f_1^{cent}}{\mathrm{d}t_h} \times \sin\left[\frac{2\pi(y - y_2)}{d}\right] - \right.$$
$$\left. \frac{b_0}{t_h} \times \frac{\partial\left[(t_h/2 - t_{sl})f_1^{cent}\right]}{\partial y} \times \left\{\cos\left[\frac{2\pi(y - y_2)}{d}\right] - 1\right\}\right) \tag{2-46}$$

式中，$u_s^{suf,Y2}$ 为连铸坯表面鼓肚变形的速度；$u_{s,y}$ 为连铸坯沿拉坯方向的速度。

当连铸坯通过支撑辊后（区域 A），在钢水静压力的作用下，坯壳发生鼓肚变形，其沿厚度方向的移动速度 $u_{b,x}^{Y2}$ 与铸坯表面移动速度一致，用式（2-47）表示。

$$u_{b,x}^{Y2} = u_{s,x}^{suf,Y2} \tag{2-47}$$

当连铸坯进入支撑辊时（区域 B），在支撑辊挤压作用下坯壳向连铸坯芯部挤压，铸坯鼓肚变形引起的固相移动速度通过式（2-48）确定。

$$u_{b,x}^{Y2} = u_{s,x}^{suf,Y2}\left\{1 - \exp\left[a_1 \frac{f_s^{cent} - f_s}{(1 - f_s)^{b_1}}\right]\right\} \tag{2-48}$$

式中，f_s 为计算位置的固相体积分数；f_s^{cent} 为中心固相体积分数；a_1 和 b_1 为常数[20]。

在连铸凝固过程中，连铸坯从结晶器区拉出进入二冷区。当连铸坯通过支撑辊时，钢水静压力促使坯壳在支撑辊之间发生鼓肚变形。当连铸坯进入下个支撑辊时，连铸坯壳被挤压，向连铸坯芯部移动，如图 2-25 所示。随着连铸坯逐渐凝固，坯壳厚度增加，中心液相减少，鼓肚变形量逐渐降低。

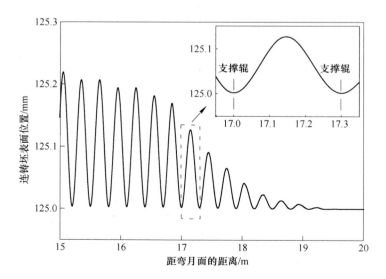

图 2-25　连铸坯表面形貌的演变[20]

为了描述糊状区的固相变形，柱状晶尖端的移动速度如图 2-26 所示。在区域 A，柱状晶相的移动速度在两个支撑辊之间先增大后减小为 0。由于区域 B 的固相变形由式（2-48）定义，因此固相的移动速度从固相线开始呈指数递减，在柱状晶尖端处速度很小。随着板坯逐渐凝固，鼓肚变形量减小，柱状晶前沿的速度波动趋势降低。

坯壳鼓肚变形对糊状区的液相流动影响明显，如图 2-27 所示。为了更清晰地显示流体流动特性，绘图时将液相流动速度的厚度方向分量放大了 100 倍。可

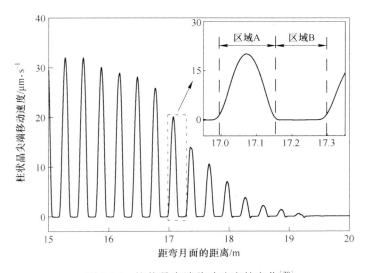

图 2-26　柱状晶尖端移动速度的变化[20]

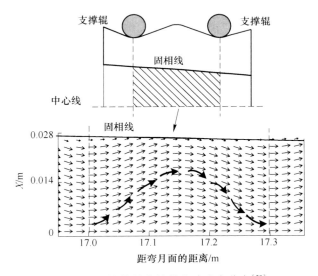

图 2-27　柱状晶尖端的移动速度分布[20]

以看出，当坯壳通过支撑辊时，液相向外移动。随着坯壳被后续支撑辊挤压，两相区的熔体被挤压至连铸坯中心。

众所周知，糊状区的溶质浓度明显大于板坯中心的溶质浓度。随着钢液向外或向内移动，糊状区排出的溶质元素扩散对流至铸坯中心。从图 2-28 可以看出，液相纵向的流动速度大于拉坯速度，说明溶质富集液相向下移动，流向凝固末端位置。

图 2-29 为考虑凝固坯壳鼓肚变形后沿拉坯方向的连铸坯中心偏析和液相分布特征。当连铸坯通过支撑辊时，中心偏析程度明显增大。这是由于连铸坯壳鼓

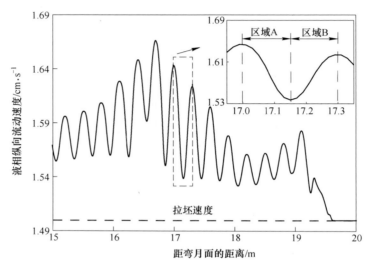

图 2-28　中心液相纵向流动速度沿拉坯方向的变化[20]

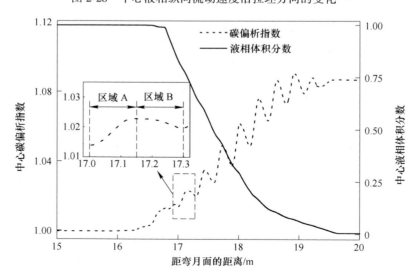

图 2-29　连铸坯中心液相体积分数和碳偏析指数沿拉坯方向的分布[20]

肚变形，抽吸两相区溶质富集的液相向铸坯中心流动。随着连铸坯受后续支撑辊的挤压，中心溶质富集的液相被挤出，中心偏析程度呈现略微减小趋势。随着连铸坯逐渐凝固，中心偏析发生波动并逐渐形成。

图 2-30 显示了溶质偏析沿连铸坯厚度方向的分布特征。结果表明，随距离板坯表面距离的增加，溶质偏析逐渐波动。在连铸坯中心产生正偏析，中心附近产生负偏析。这是由于固相坯壳鼓肚变形过程中向外和向内移动，促进了两相区排出的溶质元素扩散对流至连铸坯中心。

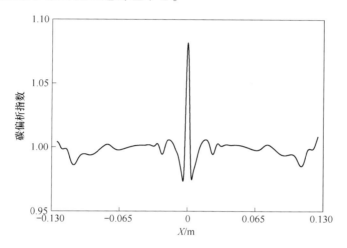

图 2-30 溶质偏析沿连铸坯厚度方向的分布[20]

2.4.4 热浮力流动与晶粒沉淀的影响

连铸凝固过程中，柱状晶垂直于铸坯表面向液相穴中推进，随着两相区熔体温度的持续降低，柱状晶生长尖端出现过冷，导致等轴晶在柱状晶尖端形核并生长。由于钢的固相密度大于液相密度，初始形成的等轴晶在液相中能够自由移动。在重力作用下，等轴晶粒逐渐沉淀，促进了固液相间的相对流动和偏析溶质元素的对流传输。连铸凝固过程的简化如图 2-31 所示。为了研究热浮力流动和晶粒沉淀对溶质传输的影响，同时避免凝固收缩和热收缩引起的熔体流动，将固相与液相的密度设置为相同，$\rho_1 = \rho_s = 7000 \text{ kg/m}^3$，并采用 Boussinesq 方法考虑热浮力流动和晶粒沉淀作用，其中固相和液相之间的密度差为 220 kg/m³，液相热收缩系数为 $9.0 \times 10^{-5} \text{ K}^{-1}$。

图 2-32 为连铸坯纵截面柱状晶和等轴晶相的体积分数距弯月面 8.2 m 处的分布特征。可以看出，在晶粒沉淀的作用下，等轴晶在连铸坯的外弧侧聚集，导致外弧侧等轴晶的体积分数明显较大，而内弧侧等轴晶的体积分数仍较小。在外弧侧柱状晶的生长前沿，等轴晶相的体积分数达到临界转变点（$f_{scr} = 0.49$）。

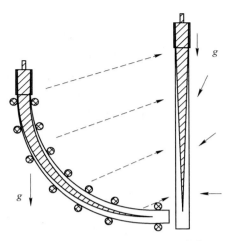

图 2-31　连铸凝固过程的简化[19]

此后，外弧侧柱状晶将停止生长，仅有等轴晶能够继续形核并长大。然而，内弧侧柱状晶生长前沿的等轴晶相体积分数仅有 0.25，未能达到临界转变点，因此在后续的凝固过程中，内弧侧的柱状晶能够继续生长。

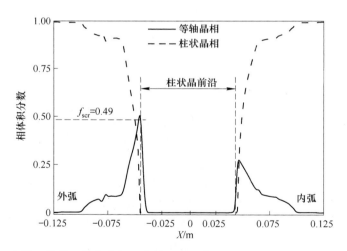

图 2-32　连铸坯纵截面柱状晶相和等轴晶相的体积分数距弯月面 8.2 m 处的分布[19]

图 2-33 为距弯月面 8.2 m 处两相区中等轴晶相移动速度的变化情况。可以看出，等轴晶相的厚度方向移动速度为负值，主要是在重力作用下，等轴晶从内弧侧向外弧侧迁移。等轴晶相的纵向移动速度大于拉坯速度，并在凝固界面前沿出现峰值，然而在铸坯中心移动速度较小，表明等轴晶在凝固界面前沿形核生长，在重力作用下等轴晶沿拉坯方向移动。

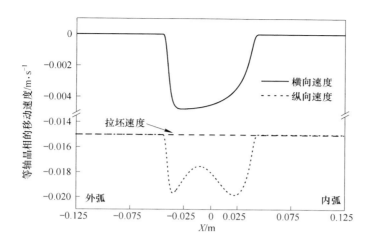

图 2-33 距弯月面 8.2 m 处两相区中等轴晶相的移动速度变化[19]

图 2-34 为等轴晶相和柱状晶相的分布。在重力作用下，柱状晶生长前沿形核生长的等轴晶从铸坯内弧侧向外弧侧迁移，逐渐在外弧侧聚集，促进了外弧侧柱状晶向等轴晶的转变（columnar to equiaxed transition，CET）。

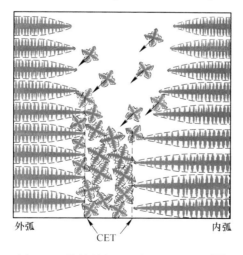

图 2-34 等轴晶相和柱状晶相的分布[19]

图 2-35 为距弯月面 14.16 m 处等轴晶相和柱状晶相的体积分布。可以看出，在连铸坯外弧侧已经完成 CET 的转变，且等轴晶相已累积到一定程度。在铸坯内弧侧，柱状晶生长尖端的等轴晶体积分数已经达到临界转变点，此后内弧侧的柱状晶停止向液相穴中推进，仅有等轴晶能够继续形核与生长。从图中可以看

出，铸坯的凝固中心已经偏离了铸坯的几何中心，这一现象是由初始生长的等轴晶粒在重力作用下沉淀造成的。

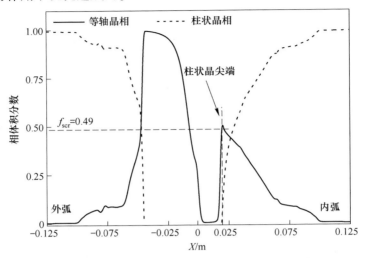

图 2-35　距弯月面 14.16 m 处等轴晶相和柱状晶相的分布[19]

图 2-36 为距弯月面 14.16 m 处柱状晶相、等轴晶相、液相的溶质浓度沿连铸坯厚度方向的分布。由于固相中溶质元素的溶解度小于液相，形核生长的等轴晶相和柱状晶相的溶质浓度较低，初始的等轴晶相被液相包围，在重力的作用下沉淀，促进了溶质元素的长距离传输。随着连铸坯凝固的进行，液相中的溶质元素逐渐富集，溶质浓度明显增大，在液相穴边缘达到最大值。

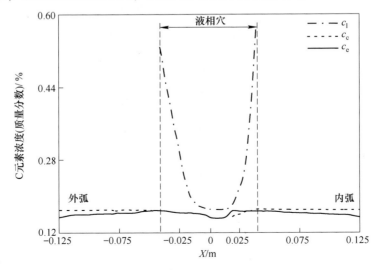

图 2-36　距弯月面 14.16 m 处柱状晶相、等轴晶相、液相的溶质浓度沿连铸坯厚度方向的分布[19]

图 2-37 为凝固末期液相的流动速度和体积分数沿连铸坯厚度方向的变化情况。可以看出在等轴晶粒的沉淀作用下，铸坯凝固终点向连铸坯内弧侧偏移，等轴晶相达到了凝聚点，相互搭接的等轴晶随着凝固坯壳而移动。由于体积收缩并未考虑，且固相枝晶网络对液相流动的阻力较大，热浮力作用下无法充分驱动两相区液相的流动。因此，液相厚度方向流动速度几乎为 0，而纵向流动速度与拉坯速度相同。由于固液相间没有相对流动速度，当液相穴中等轴晶体积分数达到凝聚点后，两相区的溶质偏析程度基本不再改变。因此，可以确定，在热浮力流动和晶粒沉淀作用下，液相流动对凝固前期的溶质偏析影响较大，而在凝固后期由于无法驱动两相区液相流动，溶质偏析将不再变化。

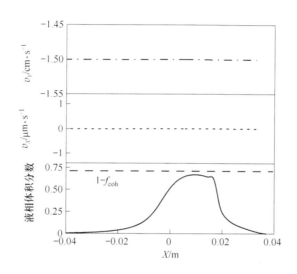

图 2-37　凝固末期液相的流动速度和体积分数沿连铸坯厚度方向的变化[19]

图 2-38 为多相凝固模型计算的等轴晶相和柱状晶相的体积分数沿连铸坯厚度方向的分布。当外弧侧的柱状晶生长长度为 80 mm，内弧侧的柱状晶生长到 105 mm 时，发生了柱状晶向等轴晶的转变。在此后的凝固过程中，连铸坯芯部以等轴晶方式生长，而边部则为柱状晶结构。

为了验证板坯的凝固组织分布特征，对凝固铸坯进行切割取样，随后通过磨床加工和低倍酸洗腐蚀，最终得到连铸坯的低倍组织如图 2-39 所示。从图中可以看出，连铸坯的边缘为柱状晶区，芯部为等轴晶区，并伴随有中心缩孔的存在。受到晶粒沉淀的影响，内外弧侧的等轴晶区分布并不对称。板坯厚度为 250 mm，外弧侧的柱状晶区宽度为 78 mm 左右，而内弧侧的柱状晶区宽度约为 107 mm。因此，可以看出实测等轴晶区与模拟计算结果基本吻合，从而验证了建立的多相凝固模型的准确性。

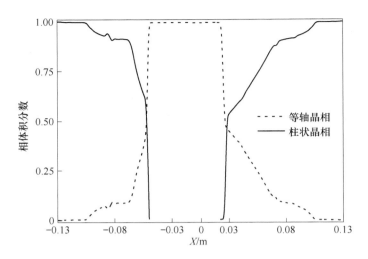

图 2-38　等轴晶相和柱状晶相的体积分数沿连铸坯厚度方向的分布[19]

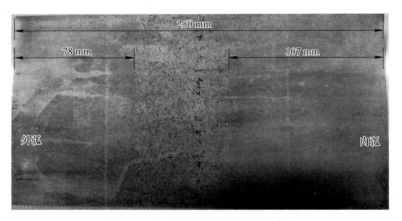

图 2-39　连铸坯的低倍组织分布[19]

　　图 2-40 为完全凝固后的连铸坯的溶质偏析分布特征。由于等轴晶粒在连铸坯外弧侧沉积，导致中间部分出现一定程度的负偏析。随着等轴晶粒的移动，溶质元素向铸坯内弧侧迁移，从而形成溶质富集，并在内弧侧 CET 附近出现严重的正偏析。由此可以得出，晶粒沉淀诱导形成连铸坯外弧侧（区域 A2）的负偏析和内弧侧 CET 处（位置 B2）的正偏析。由于考虑到连铸机弧度的影响，形成的正偏析部分偏离了连铸坯的中心。

　　连铸凝固过程中，中心偏析的形成受到多种因素的共同作用，形成原因相对复杂。目前，多数研究认为板坯连铸中的中心偏析是由于鼓肚变形造成的，也有

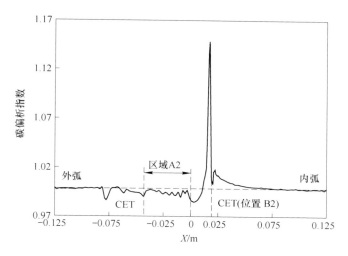

图 2-40 凝固铸坯的溶质偏析分布[19]

学者认为热收缩和枝晶搭桥同样影响中心偏析程度，因此，形成机理仍需进一步研究。

2.4.5 多因素的综合影响

连铸凝固过程中，两相区中的液相流动与溶质传输行为非常复杂，同时受到凝固收缩、热收缩、鼓肚变形、热浮力流动和晶粒沉淀等多种外力的影响。由于鼓肚变形涉及固相速度的变化，若考虑以上所有影响因素，凝固传输行为将特别复杂，模型计算不易收敛。因此本部分暂不考虑坯壳鼓肚变形的影响，仅分析凝固收缩、热收缩、热浮力流动和晶粒沉淀作用下连铸凝固过程中宏观偏析的形成过程。假设固液相的密度与温度之间均为线性关系，用式（2-49）和式（2-50）表示。

$$\rho_s = 7220 \times \left[1 + \beta_s (T_s - T_{ref}) \right] \tag{2-49}$$
$$\rho_l = 7000 \times \left[1 + \beta_l (T_l - T_{ref}) \right] \tag{2-50}$$

在耦合连铸多相凝固模型中，同时考虑等轴晶和柱状晶的生长特征，研究板坯连铸凝固过程中的液相流动和溶质传输行为。

图 2-41 为距弯月面 16 m 处的液相、等轴晶相和柱状晶相沿连铸坯厚度方向的分布。由于晶粒沉淀的作用，外弧侧柱状晶生长前沿累积了大量的等轴晶相，因此外弧侧的柱状晶优先停止生长，并在后续凝固过程中以等轴晶方式进行生长。在重力作用下，内弧侧柱状晶生长前沿的等轴晶向外弧侧发生沉淀，因此内弧侧柱状晶前沿的等轴晶数量相对较少，柱状晶生长区较宽。在凝固后期，当内弧侧柱状晶前沿累积一定量的等轴晶时，即完成了柱状晶向等轴晶的转变，此后

液相以等轴晶方式生长。从图 2-41 中还可以看出，连铸坯内弧侧的柱状晶生长长度约为 105 mm，而外弧侧柱状晶生长长度为 80 mm 左右，此与连铸坯凝固组织分析的柱状长度基本吻合。此外，液相穴中残余的液相已经偏离了连铸坯的几何中心，且生长的等轴晶相大于凝聚点固相体积分数，因此等轴晶枝晶臂相互接触，固相枝晶网络已经形成。在拉坯的作用下，凝聚的等轴晶随凝固坯壳移动，而残余液相在枝晶之间相对流动。此后，晶粒沉淀不再影响液相流动，凝固后期液相流动主要受到热收缩和凝固收缩的影响。

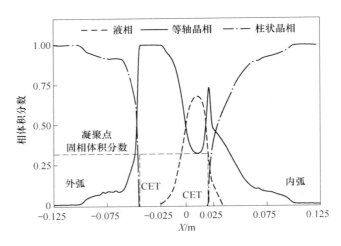

图 2-41　距弯月面 16 m 处液相、等轴晶相和柱状晶相沿连铸坯厚度方向的分布

　　图 2-42 为距弯月面 16 m 处连铸坯厚度方向的溶质偏析分布特征。随着距连铸坯表面距离的增加，溶质浓度出现一定的波动，这是由于两相区晶粒沉淀和熔体流动造成的溶质传输。在连铸坯内弧侧的溶质浓度较高，而外弧侧的溶质浓度较低，主要是因为等轴晶粒在外弧侧沉淀聚集，而溶质元素随液相在内弧侧逐渐富集。在内弧侧的 CET 转变点附近，溶质浓度明显出现一个峰值，然而与无体积收缩相比，此处的溶质偏析程度仍然相对较低，可能是由于坯壳热收缩和凝固收缩诱导的两相区液相流动造成的。在连铸坯中心，没有发现形成严重的溶质偏析。在当前位置处，连铸坯尚未完全凝固，后续的凝固收缩和热收缩同样会影响溶质元素的二次分布。

　　图 2-43 为距弯月面 16 m 处液相和等轴晶相的纵向移动速度。由于等轴晶的固相网络已经形成，凝聚的等轴晶随凝固坯壳移动。液相在铸坯中心流动速度较大，以补充凝固过程中热收缩和凝固收缩引起的熔体流动，这与无体积收缩情况下液相的流动行为完全不同。因此，在凝固后期，连铸坯芯部的液相流动仍然受到体积收缩的影响。

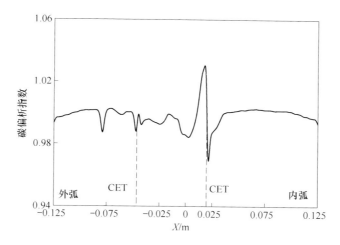

图 2-42　距弯月面 16 m 处连铸坯厚度方向的平均溶质偏析分布

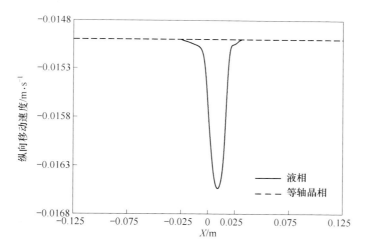

图 2-43　距弯月面 16 m 处液相和等轴晶相的纵向移动速度

　　图 2-44 为沿铸坯厚度方向液相和等轴晶相的移动速度变化情况。可以看出，在热收缩作用下，等轴晶相将向铸坯表面收缩，同时液相流动速度比固相移动速度更大，以补充冷却凝固过程中产生的体积收缩。虽然此处等轴晶的固相网络已经形成，但在凝固收缩和热收缩作用下，枝晶间的液相仍然相对流动，这对凝固后期的溶质偏析产生了很大影响。

　　图 2-45 为连铸坯固相线和液相线沿拉坯方向的分布。可以看出，随着凝固潜热的不断释放，液相线（$f_s = 0.01$）和固相线（$f_s = 0.99$）逐步向液相穴中推

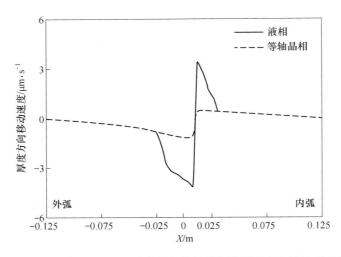

图 2-44　距弯月面 16 m 处液相和等轴晶相沿厚度方向的速度变化

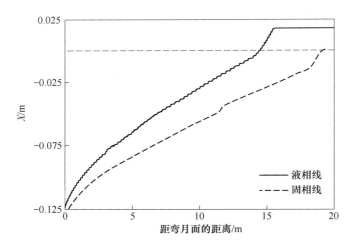

图 2-45　固相线和液相线沿拉坯方向的分布

进，且液相线的推进速度明显比固相线的推进速度快。在重力驱动作用下，等轴晶粒从连铸坯内弧侧向外弧侧沉淀移动，液相向内弧侧偏移，在距离弯月面 15.5 m 处时液相线消失，此时，液相线终点偏离铸坯几何中心约 17.5 mm，即在内弧侧 CET 转变附近。在距弯月面 19.75 m 处时，固相线完全消失，且固相消失终点在连铸坯中心附近。因此，凝固两相区的晶粒沉淀和液相流动行为对液相线的推移影响很大，对固相线的影响则相对较小。这可能是由于内外弧的传热条件相同，凝固终点在铸坯的几何中心附近，固相的推移主要受连铸坯传热的控制。

图 2-46 为连铸坯凝固终点纵截面的液相体积分数和溶质偏析的分布特征。

从图中可以看出，随着距弯月面距离的增加，液相穴中的钢液凝固不断进行，中心液相逐渐减少，在凝固终点附近液相逐渐消失。从溶质偏析分布可以看出，铸坯中心两侧的负偏析在未达到凝固终点时逐渐形成，中心正偏析则是在凝固终点附近形成。在连铸坯后续冷却过程中，溶质浓度分布将不再改变。

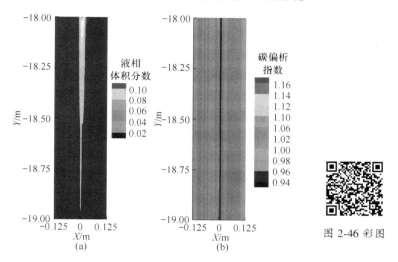

图 2-46 彩图

图 2-46　连铸坯凝固终点纵截面的液相体积分数（a）和溶质偏析（b）分布

图 2-47 为综合考虑多种因素条件下，连铸坯碳偏析指数沿厚度方向的分布特征。在重力作用下，等轴晶从内弧侧向外弧侧沉淀聚集，因此在连铸坯外弧侧 CET 转变较早，等轴晶区宽度较大。由于初始等轴晶粒的溶质浓度普遍较低，在沉淀等轴晶区形成一定程度的负偏析，如区域 A3。在晶粒沉淀的同时，排出的

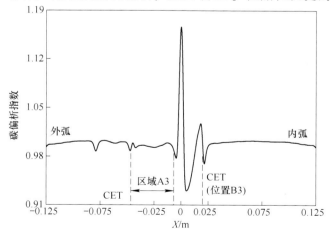

图 2-47　连铸坯碳偏析指数沿厚度方向的分布

溶质元素随着液相流动在内弧侧聚集，导致内弧侧溶质浓度较高，在 CET 转变附近形成一定程度的正偏析（位置 B3）。在两相区等轴晶相互接触后，固相的枝晶网络逐渐形成，凝聚的等轴晶随着凝固坯壳而移动。在凝固收缩和热收缩的作用下，液相仍能在枝晶间流动，从而促进偏析溶质元素的重新分布。在连铸坯凝固末期，由于凝固潜热的减少，中心温度快速降低，凝聚的等轴晶强烈收缩，造成两相区液相的反向流动，促进了溶质元素向中心的迁移，最终导致铸坯中心正偏析和边缘负偏析的形成。由此得出，液相穴内晶粒沉淀和热浮力流动对凝固早期溶质偏析的影响较大，而热收缩和凝固收缩行为仍然影响连铸坯凝固后期的溶质传输行为，连铸坯的宏观偏析形成受到了多种因素的复合影响。

2.5　小结

本章通过建立多相凝固模型，模拟分析了板坯连铸过程中流场、温度场、溶质场的分布特征，探究了凝固收缩、热收缩、鼓肚变形、热溶质浮力和晶粒沉淀作用下两相区的熔体流动和溶质传输行为，获得了多种不同因素对连铸坯溶质偏析分布的影响规律。

参 考 文 献

[1] NABESHIMA S, NAKATO H, FUJII T, et al. Control of centerline segregation in continuously cast blooms by continuous forging process [J]. ISIJ International, 1995, 35 (6): 673-679.

[2] GHOSH A. Segregation in cast products [J]. Sadhana, 2001, 26 (1): 5-24.

[3] JIANG D B, ZHU M. Center segregation with final electromagnetic stirring in billet continuous casting process [J]. Metallurgical and Materials Transactions B, 2017, 48 (1): 444-455.

[4] WU M, LUDWIG A. Study of spatial phase separation during solidification and its impact on the formation of macrosegregations [J]. Metallurgical and Materials Transactions A, 2005, 413: 192-199.

[5] WU M, FJELD A, LUDWIG A. Modelling mixed columnar-equiaxed solidification with melt convection and grain sedimentation-Part Ⅰ: Model description [J]. Computational Materials Science, 2010, 50 (1): 32-42.

[6] SCHNEIDER M C, BECKERMANN C. Simulation of micro/macrosegregation during the solidification of a low-alloy steel [J]. ISIJ International, 1995, 35 (6): 665-672.

[7] WU M, LUDWIG A, FJELD A. Modelling mixed columnar-equiaxed solidification with melt convection and grain sedimentation-Part Ⅱ: Illustrative modelling results and parameter studies [J]. Computational Materials Science, 2010, 50 (1): 43-58.

[8] HOU Z B, CHENG G G, JIANG F, et al. Compactness degree of longitudinal section of outer columnar grain zone in continuous casting billet using cellular automaton-finite element method [J]. ISIJ International, 2013, 53 (4): 655-664.

［9］ WU M, LUDWIG A. A three-phase model for mixed columnar-equiaxed solidification ［J］. Metallurgical and Materials Transactions A, 2006, 37 (5): 1613-1631.

［10］ PEREZ-FONTES S E, SOHN H Y. Three-dimensional CFD-population balance simulation of a chemical vapor synthesis reactor for aluminum nanopowder: Nucleation, surface growth, and coagulation ［J］. Metallurgical and Materials Transactions B, 2012, 43 (2): 413-423.

［11］ FARUP I, MO A. Two-phase modeling of mushy zone parameters associated with hot tearing ［J］. Metallurgical and Materials Transactions A, 2000, 31 (5): 1461-1472.

［12］ WU M, LUDWIG A, BÜHRIG-POLACZEK A, et al. Influence of convection and grain movement on globular equiaxed solidification ［J］. International Journal of Heat and Mass Transfer, 2003, 46 (15): 2819-2832.

［13］ LUDWIG A, WU M. Modeling the columnar-to-equiaxed transition with a three-phase Eulerian approach ［J］. Materials Science and Engineering A, 2005, 413: 109-114.

［14］ 姜东滨. 连铸凝固过程宏观偏析形成及外场作用规律模拟研究 ［D］. 沈阳: 东北大学, 2018.

［15］ YANG H L, ZHANG X Z, DENG K W, et al. Mathematical simulation on coupled flow, heat, and solute transport in slab continuous casting process ［J］. Metallurgical and Materials Transactions B, 1998, 29 (6): 1345-1356.

［16］ SAVAGE J, PRITCHARD W H. The problem of rupture of the billet in the continuous casting of steel ［J］. Journal of the Iron and Steel Institute, 1954, 178 (11): 268-277.

［17］ 朱苗勇. 现代冶金工艺学——钢铁冶金卷 ［M］. 3 版. 北京: 冶金工业出版社, 2023.

［18］ NOZAKI T, MATSUNO J, MURATA K, et al. Secondary cooling pattern for the prevention of surface cracks of continuous casting slab ［J］. Tetsu-to-Hagané, 1976, 62 (12): 1503-1512.

［19］ JIANG D B, WANG W L, LUO S, et al. Mechanism of macrosegregation formation in continuous casting slab: A numerical simulation study ［J］. Metallurgical and Materials Transactions B, 2017, 48 (6): 3120-3131.

［20］ JIANG D B, WANG W L, LUO S, et al. Numerical investigation of the formation mechanism and control strategy of center segregation in continuously casting slab ［J］. Steel Research International, 2018, 89 (8): 1800194.

3　连铸机辊缝对宏观偏析的影响

在连铸过程中，初始凝固的连铸坯从结晶器中拉出进入二冷区，通过在表面喷水（雾），热量逐渐散失，芯部温度降低，连铸坯逐步完成凝固。在二冷区内，连铸坯外层为凝固坯壳，而芯部为高温钢液。当连铸坯通过支撑辊时，发生周期性鼓肚变形，挤压两相区的熔体相对移动[1]。尤其在连铸坯凝固末端附近，两相区的熔体流动促进了溶质元素的对流传输，造成偏析缺陷的形成[2]。

为了提高连铸坯内部质量，降低凝固缺陷程度，通常采用密集的小辊径分节辊，以减少支撑辊的挠度和连铸坯的鼓肚变形量[3-4]。然而，在实际生产中，支撑辊之间不可避免地存在偏差。当辊缝偏差量较大时，会影响连铸坯的鼓肚变形量，进而导致连铸坯表面和内部缺陷形成。为减小辊缝偏差量，在实际生产中通常采用辊缝标定仪器，周期性地对支撑辊进行标定[5]，以保证辊缝偏差控制在 ±0.5 mm 范围内。此外，在连铸坯生产过程中，普遍采用轻压下技术，随着拉坯速度的变化实时调整压下区间和压下量。由于扇形段的辊缝随时变化，因此辊缝偏差不可避免，如图 3-1 所示，从图中可以看出部分支撑辊的辊缝偏差已经超出设计范围。

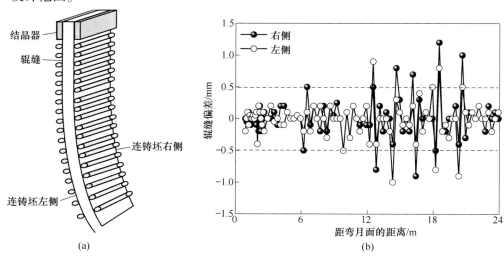

图 3-1　连铸示意图（a）和支撑辊辊缝偏差（b）[6]

长期以来，开展连铸机扇形段支撑辊辊缝偏差对连铸坯内部质量影响的研究相对较少，对不同辊缝偏差条件下两相区的熔体流动和溶质传输行为尚未明确。为了研究连铸机状态对连铸坯偏析的影响，本章通过建立连铸多相凝固模型，耦合辊缝偏差模型，分析不同辊缝偏差量条件下连铸坯两相区的熔体流动和溶质传输行为，进而揭示不同辊缝偏差量对连铸坯偏析缺陷的影响规律，为连铸机辊缝偏差控制提供理论指导。

3.1 辊缝偏差模型与多相凝固模型耦合

连铸机辊缝偏差直接影响连铸坯的鼓肚变形量，导致两相区熔体发生流动，促进溶质元素的重新分布。为了简化建立的三维数学模型，仅考虑连铸坯单侧产生辊缝偏差的影响，并假设辊缝偏差在宽度方向上线性分布，如图 3-2 所示。为分析辊缝偏差的影响，本书将结晶器弯月面至连铸坯凝固末端分为 4 个区域，连铸坯表面形貌可通过式（3-1）描述[6]。

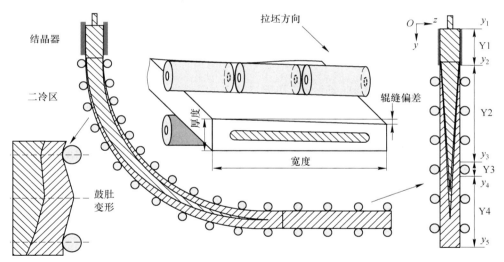

图 3-2 连铸坯鼓肚变形和辊缝偏差示意图[6]

（1）区域 1 为结晶器区（Y1），在此区域内，连铸坯由结晶器铜板支撑，认为连铸坯厚度不发生变化，没有鼓肚变形。

（2）区域 2 为二冷区（Y2），在钢水静压力的作用下，连铸坯在支撑辊间发生鼓肚变形，但没有辊缝偏差的影响，连铸坯表面形貌可通过式（3-1）描述。

（3）区域 3 为辊缝偏差区（Y3），在此区域内同时受到辊缝偏差和鼓肚变形的影响。

（4）区域 4 为辊缝偏差之后的区域（Y4），连铸坯厚度仅受到鼓肚变形的影响。

$$
z^{surf} = \begin{cases}
\dfrac{t_h}{2} \quad (Y1) \\[2mm]
\dfrac{t_h}{2} - \dfrac{b_0}{2} \times \dfrac{(t_h/2 - t_{sl})f_1^{cent}}{t_h/2} \times \left\{\cos\left[\dfrac{2\pi(y - y_2)}{d}\right] - 1\right\} \quad (Y2) \\[4mm]
\dfrac{t_h}{2} - \dfrac{b_0}{2} \times \dfrac{(t_h/2 - t_{sl})f_1^{cent}}{t_h/2} \times \left\{\cos\left[\dfrac{2\pi(y - y_2)}{d}\right] - 1\right\} - \dfrac{r_a(y - y_3)}{2(y_4 - y_3)} \times \dfrac{(x - x_0)}{w} \quad (Y3) \\[4mm]
\dfrac{t_h}{2} - \dfrac{b_0}{2} \times \dfrac{(t_h/2 - t_{sl})f_1^{cent}}{t_h/2} \times \left\{\cos\left[\dfrac{2\pi(y - y_2)}{d}\right] - 1\right\} - \dfrac{r_a}{2} \times \dfrac{(x - x_0)}{w} \quad (Y4)
\end{cases}
$$

$$(3\text{-}1)$$

式中，z^{surf} 为连铸坯表面位置；t_h 为连铸坯厚度；b_0 为鼓肚变形量；t_{sl} 为坯壳厚度；f_1^{cent} 为连铸坯中心液相体积分数；y 为连铸坯拉坯方向坐标；y_1 为弯月面位置坐标；y_2 为结晶器出口位置坐标；y_3 和 y_4 为辊缝偏差的起始和结束位置坐标；d 为支撑辊间距；r_a 为辊缝偏差量；w 为连铸坯宽度；x 为连铸坯宽度方向坐标；x_0 为连铸坯宽度方向初始位置坐标；z 为连铸坯厚度方向坐标。

连铸坯坯壳同时受到鼓肚变形和辊缝偏差的影响，其中鼓肚变形对坯壳运动和两相区流动的影响在第 2 章中已经详细介绍，本章将重点讨论辊缝偏差对连铸坯坯壳移动和两相区熔体流动的影响。在结晶器区（Y1），连铸坯受铜板支撑，凝固坯壳不发生变化。在二冷区（Y2），连铸坯在厚度方向上发生鼓肚变形，拉坯方向不发生变化。因此辊缝偏差对坯壳在这两个区域不产生影响，采用式（3-2）和式（3-3）表示。

$$u_{r,y}^{Y1-Y2} = u_{cast} \tag{3-2}$$

$$u_{r,z}^{Y1-Y2} = 0 \tag{3-3}$$

式中，z 为连铸坯厚度方向的坐标。

在区域 3（Y3）中，支撑辊间单侧产生辊缝偏差，假设其影响范围为支撑辊直径区域。辊缝偏差导致拉坯方向和连铸坯厚度方向的坯壳移动，其中坯壳沿拉坯方向移动的速度通过式（3-4）确定。

$$u_{r,y}^{Y3} = \dfrac{u_{cast}t_h}{t_h - \displaystyle\int_{y_3}^{Y}\left[\dfrac{r_a(x - x_0)}{2(y_4 - y_3)w}\eta\right]\mathrm{d}y} \tag{3-4}$$

式中，η 为压缩效率。

辊缝偏差导致的连铸坯沿厚度方向的速度变化通过式（3-5）确定。

$$u_{r,z}^{Y3} = \frac{r_a(x-x_0)}{2(y_4-y_3)w}u_{r,y}^{Y3} + \frac{\partial u_{r,y}^{Y3}}{\partial y}\left[\frac{t_h}{2} - \frac{r_a(y-y_3)(x-x_0)}{2(y_4-y_3)w} - z\right]$$

$$= \frac{r_a(x-x_0)}{2(y_4-y_3)w}u_{r,y}^{Y3} + \frac{u_{cast}t_h\frac{r_a(x-x_0)}{2(y_4-y_3)w}\eta}{\left\{t_h - \int_{y_3}^{Y}\left[\frac{r_a(x-x_0)}{2(y_4-y_3)w}\eta\right]dy\right\}^2} \times \left[\frac{t_h}{2} - \frac{r_a(y-y_3)(x-x_0)}{2(y_4-y_3)w} - z\right]$$

$$(3-5)$$

在区域 4（Y4）中，连铸坯已穿过辊缝偏差区域，此时辊缝偏差不再影响连铸凝固传输行为。建立模型时，结晶器总长度为 900 mm，有效长度为 800 mm，表 3-1 列出了断面 230 mm×1350 mm 的连铸结晶器铜板的水流量和水温差，表 3-2 为二冷区各区的喷淋水量分布。

表 3-1　结晶器冷却水参数

位置	水流量/L·min^{-1}	进口温度/℃	进出口温差/℃
宽外	3900		4.6
宽内	3900	27.0	4.4
窄右	400		7.5
窄左	400		7.3

表 3-2　二冷区各区喷淋水量

位置	足辊窄面	0 段下	0 段中	0 段上	1 段	2~3 段	4~6 段	7~8 段	9~11 段
水量/L·min^{-1}	144	384	344	300	150	152	120	68	66

3.2　三维连铸坯凝固宏观偏析行为

在连铸生产过程中，中间包内的高温钢液通过浸入式水口进入结晶器，并在水口侧孔开孔的作用下直接冲击连铸坯窄面，如图 3-3 所示。由于中间包内钢液温度较高，在流入结晶器后，与低温的钢液相互混合。随着钢液流动，温度逐渐降低，尤其是在水口附近。由于钢液流动速度较快，在湍流作用下导热速率较快，热量快速散失。当高速钢液冲击窄面附近的凝固前沿后，形成上环流和下环流，流动速度明显降低。与此同时，在铜板冷却作用下，大量热量通过壁面散失。钢液沿连铸坯窄面的凝固前沿流动，温度逐渐降低，在纵截面上，上环流钢液的温度明显高于下环流钢液的温度。

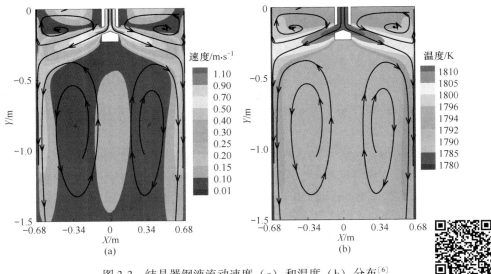

图 3-3　结晶器钢液流动速度（a）和温度（b）分布[6]

图 3-3 彩图

　　由于结晶器铜板的冷却作用，大量凝固潜热散失，坯壳从弯月面附近开始生长，并随着距弯月面距离的增加，连铸坯坯壳厚度明显增大，如图 3-4 所示。在凝固过程中，由于溶质元素在固相和液相中溶解度的差异，溶质元素不断从固相中排出，富集于枝晶间的液相。在钢液冲刷的作用下，排出的溶质元素随液相流动并进行长距离传输。在连铸坯窄面附近，碳元素均呈现负偏析状态，而芯部熔体中的溶质浓度略微升高，这主要是因为高温钢液冲刷了结晶器侧壁面。

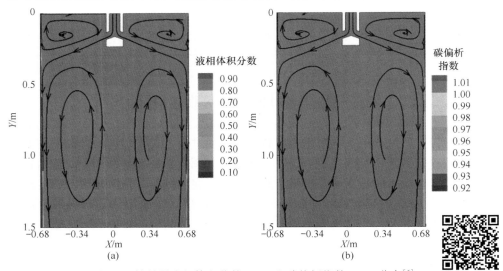

图 3-4　结晶器液相体积分数（a）和碳偏析指数（b）分布[6]

图 3-4 彩图

从浸入式水口侧孔流出的钢液对连铸坯窄面附近直接进行冲击，并形成上环流和下环流。由于钢液温度较高，含有较多的热量，上环流和下环流的钢液沿凝固前沿向下流动时，热量逐渐散失，抑制了连铸坯壳的生长。在结晶器出口处，连铸坯窄面附近的凝固坯壳比宽面中间部分的坯壳更薄，如图 3-5 所示，这归因于高温钢液对窄面的冲刷作用。

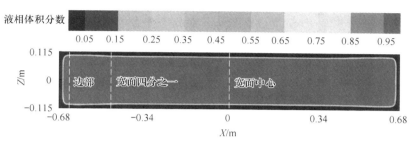

图 3-5　结晶器出口处坯壳厚度分布[6]　　图 3-5 彩图

对连铸坯坯壳厚度进行分析，边部和四分之一位置分别为距板坯左侧 0.05 m 和 0.2 m 处，该位置处的液相体积分数分布如图 3-6 所示。边部坯壳厚度为 12.1 mm，四分之一位置处的坯壳厚度为 15.9 mm，因此，高温钢液对连铸坯侧壁的冲刷作用抑制了连铸坯窄面附近的凝固行为。

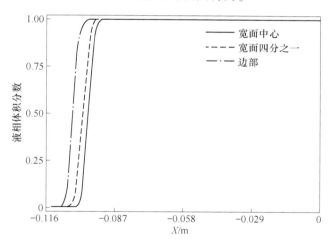

图 3-6　连铸坯不同位置处的液相体积分数分布[6]

连铸过程中，初始凝固的铸坯从结晶器中拉出进入二冷区冷却，芯部热量不断散失，坯壳厚度不断增加，连铸坯逐渐完成凝固。在连铸坯中，普遍存在四分之一位置的凝固滞后，而中心部位凝固较快的情况，如图 3-7 所示。这主要有两方面原因：一是由于浸入式水口侧孔流出的高温钢液对铸坯窄面直接冲击，并沿连铸坯窄面的凝固前沿流动，导致窄面附近的凝固坯壳较薄，宽度方向四分之一位置处的凝固滞后；二是由于在连铸机二冷区喷水冷却时，宽面中心喷水量较大，而四分之一位置的喷水量较小，导致该位置的凝固滞后。

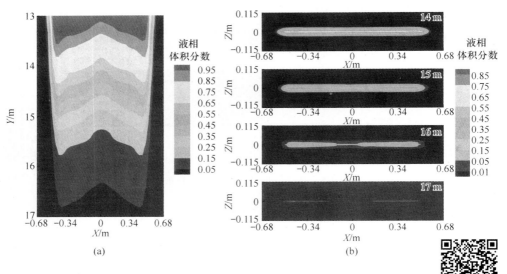

图 3-7　连铸坯纵截面（a）和横截面（b）的凝固行为[6]

图 3-7 彩图

　　在二冷区，连铸坯表层形成了一定厚度的凝固坯壳，而芯部仍存在大量液相。连铸坯通过支撑辊时，在钢水静压力的作用下，凝固坯壳发生周期性鼓肚变形。在横截面处，由于连铸坯壳的厚度不同，坯壳鼓肚变形量存在一定差异。连铸坯窄面四分之一位置处的坯壳厚度较薄，鼓肚变形量较大。而连铸坯宽面中心位置的坯壳厚度较厚，坯壳的鼓肚变形量较小，如图 3-8 所示。随着连铸坯凝固的进行，坯壳厚度增加，鼓肚变形量逐渐减小。当连铸坯完全凝固后，连铸坯不再发生鼓肚变形。

　　在连铸过程中，坯壳的鼓肚变形行为影响了两相区的熔体流动，如图 3-9 所示。为了清晰地观察两相区流体的流动形态，本书将厚度方向上的速度分量放大了 100 倍。可以看出，连铸坯通过支撑辊后，坯壳发生鼓肚变形，钢液向坯壳表面方向移动。当连铸坯进入下个支撑辊时，坯壳被支撑辊挤压，钢液向铸坯中心移动。流体流动促进了两相区的高溶质元素向铸坯芯部对流扩散传输，促进了溶质偏析的形成。由于连铸坯四分之一位置处的坯壳较薄，鼓肚变形量较大，钢液沿厚度方向的移动更加明显。因此，可以看出，连铸坯在宽度方向上的凝固不均匀导致各位置鼓肚变形量不同，从而使两相区熔体流动行为有所差别，最终也影响了溶质偏析的分布。

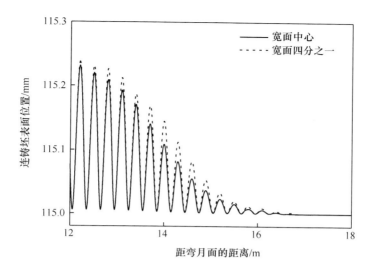

图 3-8 连铸坯不同位置鼓肚变形[6]

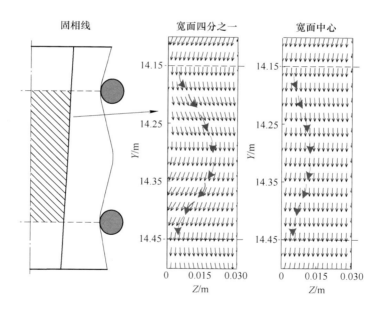

图 3-9 连铸坯坯壳鼓肚变形对两相区熔体流动的影响[6]

连铸坯坯壳周期性的鼓肚变形不仅影响了厚度方向的熔体流动，还影响了宽度方向的熔体流动，如图 3-10 所示。在连铸坯宽面中心，熔体流速左侧为负，右侧为正，这说明熔体从中间向两侧边缘移动。在边部附近，钢液流动方向相反，说明熔体在四分之一位置处汇集。这是因为该位置的鼓肚变形量较大，而中心的鼓肚变形量较小，导致在两个支撑辊间四分之一位置的熔体沿宽度方向被抽吸移动。在凝固过程中，溶质元素从柱状晶相中被排出，富集在两相区的液相，随着熔体流动，排出的溶质元素实现长距离迁移，从而影响了连铸坯内溶质偏析的分布。

　　图 3-11 为凝固末端附近连铸坯纵截面的溶质偏析分布，可以看出随距弯月面距离的增加，溶质偏析程度逐渐增大。在两相区内，由于四分之一位置处的鼓肚变

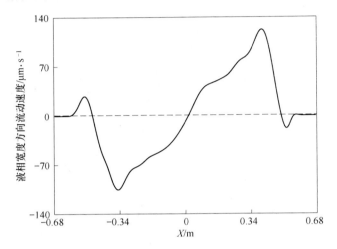

图 3-10　液相宽度方向流动速度沿连铸坯宽度方向的变化[6]

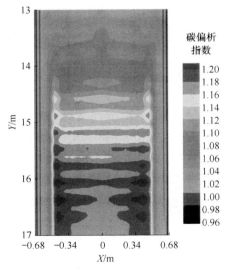

图 3-11 彩图

图 3-11　连铸坯纵截面的溶质偏析分布[6]

形量较大，促进了溶质富集的熔体向该处汇集，从而导致此处溶质偏析恶化。当连铸坯完全凝固时，四分之一位置处的溶质偏析为 1.21，而宽面中心的溶质偏析为 1.16。由此可见，鼓肚变形引起的两相区的熔体流动影响了溶质偏析分布。

图 3-12 为沿拉坯方向连铸坯宽面中心和四分之一位置处溶质偏析的变化情况。可以看出，随着连铸凝固的进行，溶质偏析呈现波动性地增加，这主要是铸坯鼓肚变形挤压熔体流动，促进固相排出的溶质元素向铸坯芯部汇集，逐渐形成中心偏析。当连铸坯完成凝固后，坯壳不再鼓肚变形，元素偏析程度不发生变化。由于连铸坯宽度方向四分之一位置处的鼓肚变形量较大，该位置的溶质偏析程度较为严重。

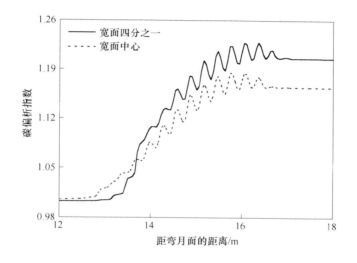

图 3-12 连铸坯宽面中心和四分之一位置处的偏析变化[6]

图 3-13 为连铸坯横截面的溶质偏析分布。可以看出，连铸坯窄面表层附近为负偏析，主要是因为水口侧孔流出的钢液冲刷连铸坯窄面，将两相区中富集的溶质元素带走。随着连铸坯进入二冷区，在坯壳鼓肚变形条件下，促进两相区液相流动和溶质元素传输速度加快，最终在铸坯芯部逐渐形成偏析缺陷。通过连铸坯凝固组织低倍腐蚀能够发现铸坯中心存在偏析缺陷，且四分之一位置处的偏析尤为严重。

为了更清晰地获得溶质偏析分布，采用碳硫分析仪对连铸坯中心厚度方向的元素成分进行检测，如图 3-14 所示。从图中可以看出，随着距连铸坯表面距离的增加，溶质偏析发生波动，并在中心达到最大偏析，实测值为 1.171，计算值为 1.16，两者吻合较好。

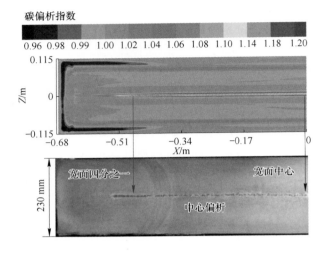

图 3-13 彩图

图 3-13　连铸坯横截面的溶质偏析分布[6]

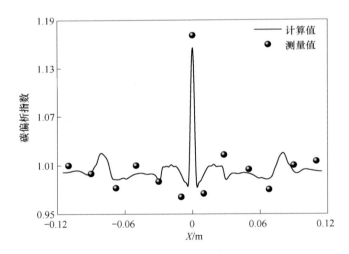

图 3-14　连铸坯偏析沿厚度方向的分布[6]

　　图 3-15 显示了中心偏析沿宽度方向的分布。在连铸坯窄面附近,中心溶质偏析略微为负值,这主要是水口侧孔流出的钢液对铸坯窄面进行冲击,导致局部产生负偏析。随着距窄面距离的增加,中心偏析逐渐增大,并在四分之一位置处达到最大值。这主要是由于连铸坯四分之一位置处的鼓肚变形量较大,抽吸溶质富集的液相沿连铸坯宽度方向移动。尽管在铸坯中心处偏析较小,但仍表现出正偏析。

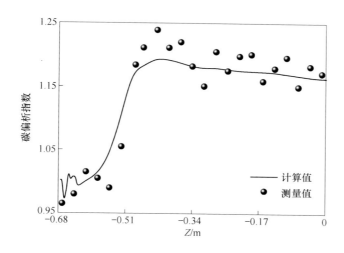

图 3-15　连铸坯偏析沿宽度方向的分布[6]

3.3　宽面中心凝固前期辊缝偏差的影响

在结晶器区，由于浸入式水口侧孔流出的钢液对连铸坯窄面进行冲击以及二冷区窄面附近冷却水量较小的缘故，导致连铸坯宽度方向四分之一位置处的凝固坯壳较薄，造成该位置的凝固终点滞后而宽面中心位置的凝固提前，在连铸坯纵截面上凝固末端呈现出 W 形。连铸坯的凝固进程直接影响其鼓肚变形行为，由于连铸坯边部已经凝固，坯壳厚度为定值，连铸坯鼓肚变形沿拉坯方向的分布特征如图 3-16 所示。连铸坯中间部位的凝固坯壳较厚，因而鼓肚变形量相对较小。四分之一位置处的坯壳厚度较薄，鼓肚变形量较大。随着距弯月面距离的增加，连铸坯逐渐凝固完成，鼓肚变形量明显减少。

图 3-17 为连铸坯宽面中心和四分之一位置处的中心液相体积分数变化情况，从图中可以看出铸坯宽面中心提前凝固，而宽面四分之一位置处的凝固相对滞后。为获得连铸机辊缝偏差位置对两相区熔体流动和溶质偏析的影响，首先将辊缝偏差设置在连铸坯中部和宽面四分之一位置尚未凝固时，分析辊缝偏差对坯壳变形和熔体流动传输的影响。从图中可以看出，辊缝偏差的起始位置距离弯月面 16.5 m。

当连铸机存在辊缝偏差时，它会在一个较小的区域内对连铸坯厚度产生较大影响。在研究过程中，认为单个辊缝偏差影响范围为支撑辊的直径范围，并沿连铸坯宽度方向线性降低。工业生产中通常将辊缝偏差控制在 0.5 mm 范围内，本节研究中将辊缝偏差设定在 0~1.0 mm 的范围内，分析连铸坯宽面中心已凝固而

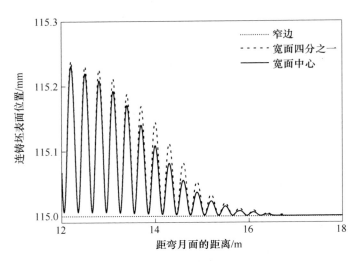

图 3-16　连铸坯鼓肚变形沿拉坯方向的分布[6]

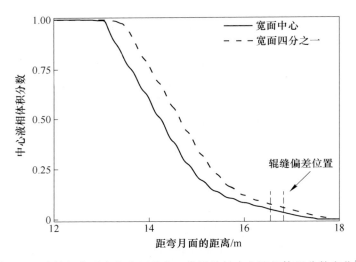

图 3-17　连铸坯宽面中心和四分之一位置处的中心液相体积分数变化[6]

四分之一未凝固时辊缝偏差对连铸坯溶质偏析的影响。图 3-18 为辊缝偏差作用下连铸坯右侧厚度的变化。可以看到，在辊缝偏差位置之后，坯壳厚度保持不变，如图 3-18 所示。

　　图 3-19 为连铸坯厚度沿宽度方向的变化情况。由于辊缝偏差主要在连铸机单侧产生，在本节认为辊缝偏差在连铸坯右侧发生，即连铸坯右侧厚度减小，而左侧厚度不变。沿宽度方向，连铸坯厚度呈线性减小趋势。

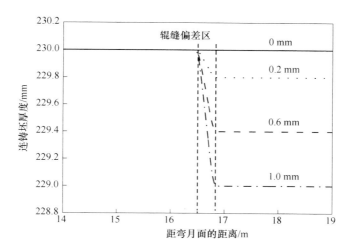

图 3-18 辊缝偏差作用下连铸坯右侧厚度的变化[6]

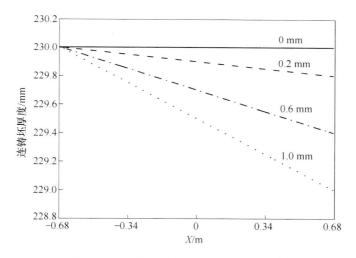

图 3-19 连铸坯厚度沿宽度方向的变化[6]

图 3-20 为辊缝偏差区间内连铸坯中心液相宽度方向流动速度沿宽度方向的变化情况。从图中可以看出，无辊缝偏差时，因鼓肚变形的影响，两相区液相向宽度四分之一位置流动，且流动速度相对较小。当辊缝偏差量为 0.2 mm 时，两相区液相流动速度发生明显变化，且速度均为负值，这说明两相区液相从连铸坯右侧向左侧移动。由于横截面内坯壳厚度的不均匀分布，导致液相宽度方向流动速度呈现波动，但整体仍为负值。由于连铸坯宽面中心尚未凝固，流体能够从右侧流向左侧。随着辊缝偏差量的增加，两相区液相向连铸坯左侧流动的速度明显

增加。因此，当连铸机存在较大的辊缝偏差时，会挤压两相区液相流动，促进溶质元素的二次分布。

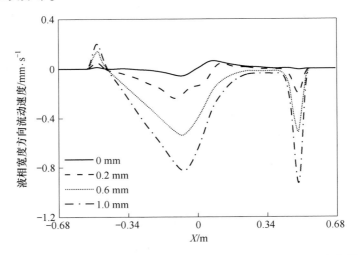

图 3-20　两相区液相宽度方向流动速度沿连铸坯宽度方向的变化[6]

当连铸机存在辊缝偏差时，会挤压两相区流体流动，促进溶质对流扩散。在坯壳的挤压作用下，溶质富集的液相从右侧向左侧流动，由于熔体内富集了液相，导致连铸坯宽度方向左侧四分之一位置处溶质偏析逐渐加剧，如图 3-21 所示。随着距弯月面距离的增加，溶质偏析程度逐渐增大。在较大的辊缝偏差条件下，偏析程度更为显著。

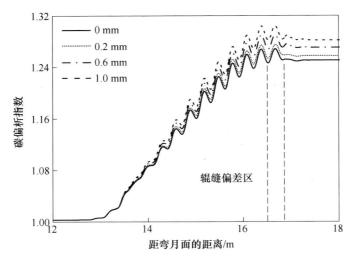

图 3-21　连铸坯宽度方向左侧四分之一位置处的溶质偏析分布[6]

图 3-22 为连铸坯宽度方向右侧四分之一位置处的溶质偏析随距弯月面距离的变化。同样地，随距弯月面的距离增加，溶质偏析逐渐加重。但与连铸坯左侧四分之一位置处不同的是，在辊缝偏差区内，右侧四分之一位置处的溶质元素减少，偏析程度减小。此外还发现，在辊缝偏差区连铸坯凝固前期，溶质元素已经呈现一定程度的富集，这主要是由于受坯壳挤压后，溶质富集的液相向未凝固区域流动所致。随着辊缝偏差量的增加，连铸坯右侧四分之一位置处的溶质偏析程度降低更加明显。

两相区的流动行为不仅影响了溶质分布，还影响了连铸坯的凝固进程，连铸坯宽度方向的液相体积分数分布特征如图 3-23 所示。在连铸坯右侧辊缝

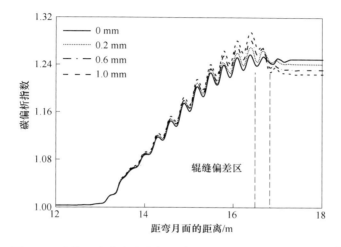

图 3-22　连铸坯宽度方向右侧四分之一位置处的溶质偏析分布[6]

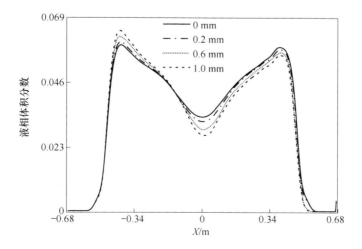

图 3-23　连铸坯宽度方向的液相体积分数变化[6]

偏差影响下，两相区的熔体被挤压向连铸坯左侧移动，导致连铸坯宽度左侧液相体积分数较高，而右侧四分之一位置处液相体积分数较低。在连铸坯后期凝固过程中，呈现出左侧凝固滞后，而右侧凝固提前的现象，最终导致连铸坯凝固末端不同步。

图 3-24 为不同辊缝偏差量条件下，连铸坯纵截面的溶质偏析分布。从图中可以看出，随着距弯月面距离的增加，连铸坯偏析程度逐渐增大。在凝固末端附近，溶质偏析变化更为明显。在鼓肚变形的影响下，宽度四分之一位置处的凝固滞后，溶质元素局部富集。在连铸机右侧辊缝偏差的作用下，挤压两相区熔体从右侧向左侧流动，造成连铸坯左侧四分之一位置处偏析程度加重，而右侧四分之一位置处溶质偏析程度降低。随着辊缝偏差量的增加，连铸坯左侧四分之一位置

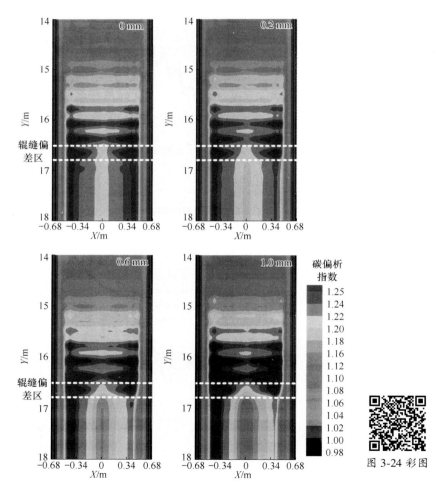

图 3-24　不同辊缝偏差条件下连铸坯纵截面的溶质偏析分布[6]

处的偏析更为严重，这主要是两相区熔体向左侧流动汇集的结果。此外，还可以看出，在辊缝偏差位置连铸坯凝固前期，溶质元素局部富集，尤其是在较大辊缝偏差量的条件下。

图 3-25 为凝固连铸坯宽度方向的偏析分布，在无辊缝偏差时，连铸坯左侧和右侧的碳偏析指数基本呈现对称分布，均表现为宽度四分之一位置处偏析严重，而中心偏析程度较轻，这与连铸坯在二冷区的鼓肚变形直接相关。当连铸机存在右侧辊缝偏差时，连铸坯宽度右侧四分之一位置处的溶质偏析程度减轻，但左侧的溶质偏析加重。这是由于在右侧坯壳挤压变形的条件下，两相区溶质富集的液相会向左侧流动汇集。此外还发现，连铸坯芯部溶质偏析程度减小，尤其是在较大辊缝偏差条件下。这主要是由于在辊缝偏差处，连铸坯宽面中心尚未凝固，坯壳受到挤压时中心溶质富集的液相被挤出所致。

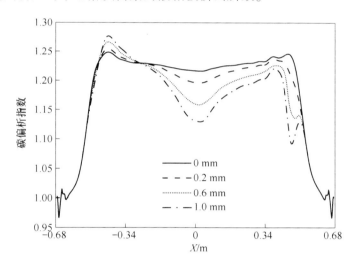

图 3-25　连铸坯宽度方向的偏析分布[6]

3.4　宽面中心凝固后期辊缝偏差的影响

通过 3.2 节研究分析，发现在连铸坯宽面中心尚未凝固时存在辊缝偏差，挤压连铸坯两相区熔体发生明显流动，宏观偏析发生显著改变。目前，在连铸坯宽面中心已凝固但四分之一位置尚未凝固时，辊缝偏差对连铸坯溶质偏析的影响尚不明确。本节的研究将连铸坯辊缝偏差设置在连铸坯宽面中心凝固之后，且边部区域尚未凝固时存在，如图 3-26 所示，从图中可以看出，辊缝偏差的起始位置距弯月面的距离为 17.5 m。

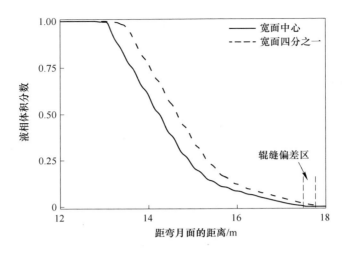

图 3-26　连铸坯宽面中心和四分之一位置处的液相体积分数变化[6]

图 3-27 为辊缝偏差位于距弯月面 17.5 m 处连铸坯右侧厚度沿拉坯方向的变化情况，此时连铸坯宽面中心已经凝固，而连铸坯四分之一位置附近尚未凝固，本书研究了辊缝偏差在 0.2~1.0 mm 范围内对两相区流动和溶质偏析的影响。在辊缝偏差区，连铸坯厚度明显减小，尤其是在较大辊缝偏差量的条件下。

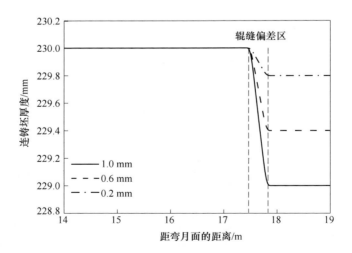

图 3-27　连铸坯右侧厚度沿拉坯方向的变化[6]

图 3-28 为不同辊缝偏差条件下，两相区液相纵向流动速度沿连铸坯宽度方向的变化情况。从图中可以看出，无辊缝偏差时，液相流动速度高于拉坯速度，

说明液相向凝固终点流动。当考虑辊缝偏差后，液相流动速度则低于拉坯速度，说明两相区液相向连铸坯未凝固区域流动，流动速度相反。随着鼓肚变形量的增加，连铸坯右侧四分之一位置处的液相反向流动速度明显增加。由于铸坯中心已经凝固，辊缝偏差对宽面中心的移动没有影响。

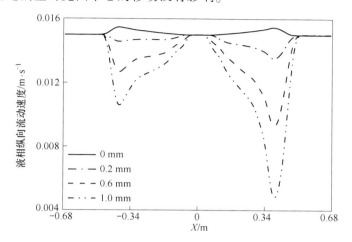

图 3-28 两相区液相纵向流动速度沿连铸坯宽度方向的变化[6]

图 3-29 为连铸坯宽度方向右侧四分之一位置处两相区液相的纵向流动速度沿拉坯方向的变化情况，可以看出在连铸坯鼓肚变形的条件下，两相区液相的纵向流动速度不断波动。在凝固末期，由于辊缝偏差的影响，液相流动速度明显比拉坯速度小，这主要是由于辊缝偏差对连铸坯进行挤压，促进了液相的反向移动，尤其是在凝固偏差区内。

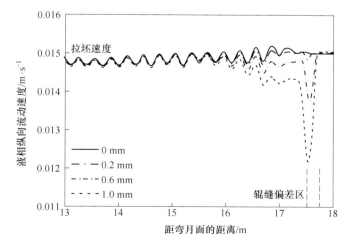

图 3-29 连铸坯宽度方向右侧四分之一位置处两相区液相的纵向流动速度沿拉坯方向的变化[6]

辊缝偏差导致坯壳变形，促进了两相区熔体的相对流动，进而影响了连铸坯芯部偏析的形成，辊缝偏差量对纵向溶质偏析的影响如图 3-30 所示。可以看出，随距弯月面距离的增加，连铸坯中心偏析逐渐形成，在鼓肚变形的影响下，连铸坯宽度四分之一位置处的偏析更为严重。由于连铸坯右侧的辊缝偏差挤压了熔体反向流动，溶质元素在辊缝偏差区明显增加。由于宽度方向右侧四分之一处的连铸坯在辊缝偏差区域内凝固，此时熔体溶质元素含量较高，导致局部偏析较重。相较之下，连铸坯左侧四分之一位置尚未在偏差区域凝固，溶质偏析变化相对较小。

图 3-31 为连铸坯左侧四分之一位置处碳偏析指数沿拉坯方向的分布特征，

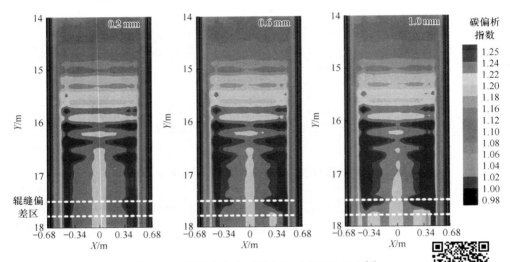

图 3-30　辊缝偏差量对纵向溶质偏析的影响[6]

图 3-30 彩图

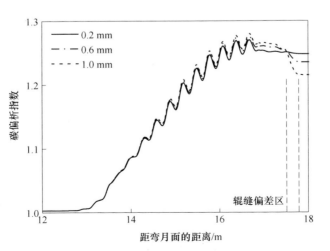

图 3-31　连铸坯左侧四分之一位置处碳偏析指数沿拉坯方向的分布[6]

可以看出随着距弯月面距离的增加，溶质偏析逐渐形成，这是由于连铸坯鼓肚变形促进溶质富集的液相向四分之一位置处进行对流扩散。由于连铸坯右侧辊缝偏差的影响，凝固坯壳被挤压，熔体向相反方向流动，但连铸坯在辊缝偏差区内尚未完全凝固，左侧四分之一位置处的溶质偏析程度因而有所降低。

图 3-32 为连铸坯宽面右侧四分之一位置处的溶质偏析沿拉坯方向的分布。与连铸坯左侧类似，随着距弯月面距离的增加，碳偏析指数逐步增加，由于宽度方向右侧辊缝偏差挤压了两相区熔体的反向流动，导致连铸坯右侧四分之一位置处在辊缝偏差区内凝固。然而，由于此位置处的熔体富集了偏析元素，且此位置连铸坯在辊缝偏差区凝固时局部偏析严重，尤其是在较大辊缝偏差的条件下。

图 3-33 为连铸坯中心偏析沿宽度方向的分布。可以看出，在无辊缝偏差时，

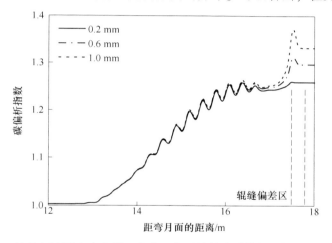

图 3-32 连铸坯宽度方向右侧四分之一位置处的溶质偏析沿拉坯方向的分布[6]

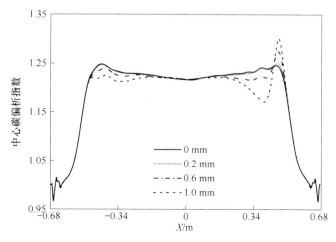

图 3-33 连铸坯中心偏析沿宽度方向的分布[6]

连铸坯中部的溶质偏析程度较轻，四分之一位置处的偏析则较为严重。在右侧辊缝偏差的影响下，连铸坯宽度方向右侧四分之一位置处的挤压变形量较大，挤压两相区熔体向未凝固区域方向流动，熔体溶质元素在该处富集，导致连铸坯在辊缝偏差区凝固，造成局部严重偏析缺陷。相对而言，左侧四分之一位置处的坯壳挤压变形量相对较小，虽然熔体呈现一定程度的反向流动趋势，但此位置的连铸坯未在辊缝偏差区完全凝固，溶质偏析程度仍呈降低趋势。

3.5　辊缝偏差位置的影响

通过对 3.3 节和 3.4 节的研究可以看出，辊缝偏差位置对连铸坯偏析有较大影响，因此，本节聚焦研究辊缝偏差位置对连铸坯偏析的影响规律。辊缝偏差位置在距弯月面 15.5~18.0 mm 之间波动，连铸坯右侧坯壳厚度变化如图 3-34 所示，辊缝偏差量设定为 0.6 mm。

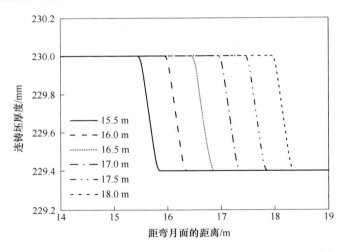

图 3-34　不同辊缝偏差位置条件下连铸坯右侧的厚度分布[6]

图 3-35 为连铸坯宽度方向右侧四分之一位置处溶质偏析沿拉坯方向的分布特征。随着连铸坯凝固的进行，中心偏析程度呈现波动性增大的趋势，这是由于坯壳鼓肚变形促进了两相区熔体流动。当辊缝偏差区设置在距弯月面 15.5 m 或 16.0 m 处时，连铸坯两相区存在较多液相，辊缝偏差对四分之一位置处的中心偏析影响较小。随着辊缝偏差区向后推移至距离弯月面 16.5 m 和 17.0 m 时，连铸坯宽度方向右侧四分之一位置处的溶质偏析程度明显降低，这是因为溶质富集的液相从连铸坯右侧被挤压到左侧。当辊缝偏差位置移动到 17.5 m 时，坯壳挤压作用下溶质富集的液相向未凝固区域移动，连铸坯右侧四分之一位置在辊缝偏

差区凝固，此时该处中心偏析程度显著增大。随着辊缝偏差区进一步向凝固终点移动，连铸坯基本完成凝固，右侧四分之一位置的偏析不再受到辊缝偏差的影响。

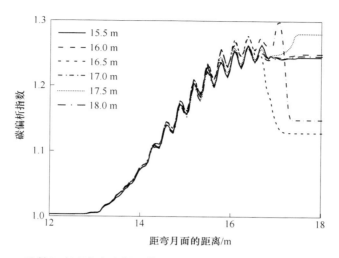

图 3-35　连铸坯宽度方向右侧四分之一位置处溶质偏析沿拉坯方向的分布[6]

　　图 3-36 为辊缝偏差位置对连铸坯宽度方向右侧四分之一位置处的偏析影响。可以看出，随着辊缝偏差位置向后移动，右侧四分之一位置处的中心偏析程度呈现出先降低后增加的趋势。在凝固前期，两相区熔体较多，辊缝偏差对中心偏析影响较小。随着辊缝偏差位置的向后推移，两相区逐渐凝固，辊缝偏差挤压熔体反向流动，降低了右侧四分之一位置的中心偏析程度。当辊缝偏差位置移动至17.5 m 时，右侧四分之一位置的连铸坯在辊缝偏差区凝固，此时两相区熔体富集的溶质造成溶质偏析局部恶化。随着辊缝偏差区继续向后推移，右侧四分之一位置处的连铸坯逐渐凝固，该位置处的溶质偏析不再受到影响。

　　图 3-37 为连铸坯宽度方向左侧四分之一位置处的溶质偏析沿拉坯方向的分布特征。与连铸坯宽度方向右侧四分之一位置处的溶质偏析变化规律类似，随着距弯月面距离的增加，左侧四分之一位置处的溶质偏析程度逐渐增大。当辊缝偏差位置距弯月面 15.5 m 时，两相区液相较多，辊缝偏差对偏析几乎没有影响。随着辊缝偏差位置向后推移至距弯月面 16.5 m 处时，坯壳挤压两相区熔体从连铸坯右侧向左侧移动，导致左侧四分之一位置处的偏析程度呈现略微增大的趋势。当辊缝偏差位置推移至距弯月面 17.5 m 处时，连铸坯宽面中部已经凝固，在坯壳挤压的作用下，宽度方向右侧四分之一位置处溶质富集的液相无法向左侧移动，因此左侧偏析程度呈现降低的趋势。随着辊缝偏差区继续向凝固终点推移，左侧四分之一位置处的偏析程度均呈现降低趋势。

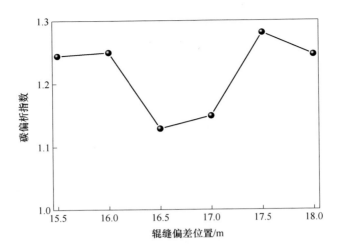

图 3-36   辊缝偏差位置对连铸坯宽度方向右侧四分之一位置处的偏析影响[6]

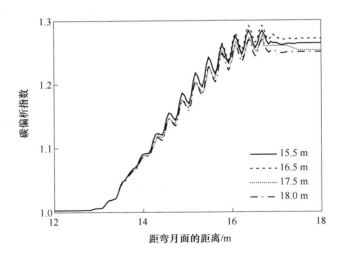

图 3-37   连铸坯宽度方向左侧四分之一位置处的溶质偏析沿拉坯方向的分布[6]

图 3-38 为辊缝偏差位置对连铸坯左侧四分之一位置处的影响规律。由于辊缝偏差设定在连铸坯右侧，并沿宽度方向线性减小，左侧的挤压变形量较小，对左侧四分之一位置处中心偏析的影响也相对较小。随着辊缝偏差区从距弯月面15.5 m 移动到 16.5 m，中心偏析程度呈现增大的趋势，主要是由于辊缝偏差挤压溶质富集的液相从连铸坯右侧向左侧移动，并在左侧汇集造成局部溶质升高。随着辊缝偏差位置继续向凝固终点推移，连铸坯左侧四分之一位置处的溶质偏析

程度呈现降低趋势，这主要是因为连铸坯宽面中部完成凝固，溶质富集的液相无法从右侧向左侧推移。在坯壳挤压作用下，左侧四分之一位置处的溶质富集的液相反向流动，中心溶质偏析程度呈现降低趋势。

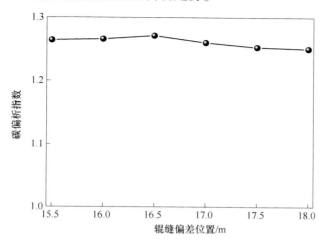

图 3-38　辊缝偏差位置对连铸坯左侧四分之一位置处的偏析影响[6]

图 3-39 为不同辊缝偏差条件下连铸坯纵截面的溶质偏析分布特征。可以看出，连铸坯的中心偏析主要在凝固后期形成。当辊缝偏差位置在距弯月面15.5 m 处时，糊状区存在较多的液相，辊缝偏差对后期中心偏析的影响较小。当辊缝偏差位置移动到距离弯月面 16.5 m 和 17.0 m 处时，由于溶质富集的液相从右侧移动到左侧，连铸坯右侧四分之一位置处的中心偏析程度减小，而左侧四

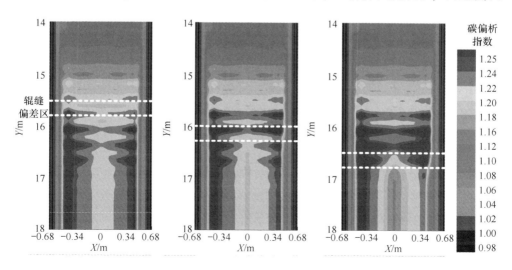

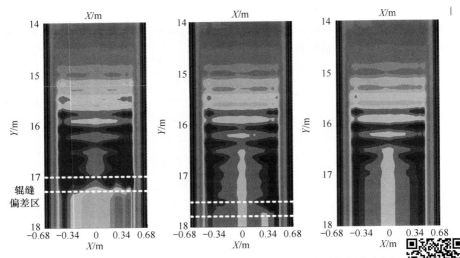

图 3-39　不同辊缝偏差条件下连铸坯纵截面的溶质偏析分布[6]

图 3-39 彩图

分之一位置处的中心偏析程度略有增加。随着辊缝偏差区位置移动到距弯月面 17.5 m，右侧四分之一位置处中心偏析程度开始上升，而左侧四分之一位置处的中心偏析程度呈现下降趋势。这是因为右侧四分之一位置处的连铸坯在辊缝偏差区凝固，溶质局部富集。当辊缝偏差距弯月面 18 m 时，连铸坯已完全凝固，中心偏析不再受辊缝偏差的影响。因此，辊缝偏差直接影响连铸坯偏析的分布，在工业连铸生产中应严格控制，特别是在连铸坯凝固末端附近。

3.6　小结

连铸过程中，扇形段辊缝不断发生变化，尤其是在机械压下条件下，支撑辊会受到较大的压力。随着生产节奏的变化，凝固末端位置也会移动，扇形段压下区间需实时调整改变，造成辊缝偏差普遍存在。本章通过建立数学模型，研究了不同辊缝偏差位置和偏差量对连铸坯两相区熔体流动和溶质传输的影响，获得了辊缝偏差对连铸坯偏析的影响规律，为工业生产提供理论指导。

参 考 文 献

[1]　MIYAZAWA K, SCHWERDTFEGER K. Macrosegregation in continuously cast steel slabs: Preliminary theoretical investigation on the effect of steady state bulging [J]. Steel Research International, 1981, 52 (11): 415-422.

[2]　GUAN R, JI C, ZHU M Y. Numerical modelling of fluid flow and macrosegregation in a continuous casting slab with asymmetrical bulging and mechanical reduction [J]. International Journal of

Heat and Mass Transfer, 2019, 141: 503-516.

［3］ OGIBAYASHI S, KOBAYASHI M, YAMADA M, et al. Influence of soft reduction with one-piece rolls on center segregation in continuously cast slabs ［J］. ISIJ International, 1991, 31 （12）: 1400-1407.

［4］ MASAOKA T, MIZUOKA S, KOBYASHI H, et al. Improvement of center segregation in continuously cast slab with soft reduction technique ［C］ //Steelmaking Conference Proceedings, 1989: 63-69.

［5］ 郭庆华，杨建桃，刘玉宝. 连铸轻压下过程中辊缝偏差分析和控制 ［J］. 连铸, 2012 （6）: 19-23.

［6］ JIANG D B, ZHU M Y, ZHANG L F. Roll-gap deviation on centerline segregation evolution in continuous casting slab ［J］. Steel Research International, 2023, 94 （5）: 2200708.

4 连铸机械压下对宏观偏析的影响

在结晶器和二冷区喷水（雾）作用下，连铸坯表面温度逐渐降低，芯部熔体潜热不断散失，逐渐完成凝固进程，同时在连铸坯芯部可能形成偏析和缩孔缺陷[1]。通过第 2 章和第 3 章的研究，已获得连铸过程中熔体流动、凝固传热、溶质传输的行为，并分析了鼓肚变形条件下连铸坯中心偏析的形成过程。在此研究工作的基础上，本章基于连铸坯的凝固传输行为和机械压下工艺，建立连铸凝固末端机械压下模型，并进一步耦合多相凝固模型，深入研究坯壳变形作用下两相区的液相流动和溶质偏析行为，分析压下量、压下区间工艺参数对连铸坯中心偏析的影响规律，为工业生产提供理论基础。

4.1 机械压下模型与多相凝固模型耦合

在连铸凝固过程中，随着液相穴温度的降低，等轴晶粒在过冷的液相中形核并逐渐长大。由于低碳钢主要以柱状晶形式存在，中心的等轴晶区很小。此外，从第 2 章的研究中可知，连铸坯中心偏析受坯壳鼓肚变形影响较大，而受凝固组织结构的影响较小。此外，在模拟计算过程中，考虑到多相凝固模型的复杂性，在耦合机械压下模型时，需同时考虑等轴晶粒形核与生长，无疑大幅度增加了计算量。因此，本章在建立模型过程中，仅考虑柱状晶相的生长行为，忽略等轴晶粒的生长[2]。在耦合多相凝固模型和机械压下模型时，通过改变重力方向来模拟热浮力的影响[3]，从而避免连铸坯因弯曲变形带来的干扰，如图 4-1 所示。

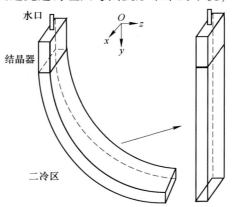

图 4-1 连铸坯三维模型的建立[4]

在多相凝固模型的基础上，同时考虑了连铸坯支撑辊间鼓肚变形和机械压下的影响，如图4-2所示。为了便于模型的建立，需要对连铸坯进行分区处理。

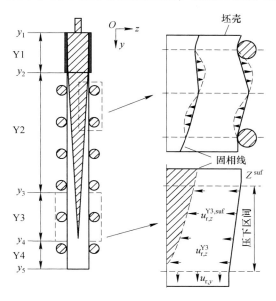

图4-2　连铸凝固鼓肚变形和机械压下示意图[4]

（1）在区域1（Y_1）中，钢液在结晶器区中坯壳逐渐凝固，假设铸坯厚度尺寸不变，连铸坯表面形貌可通过式（4-1）表示[4]。在此区域中，固相坯壳在厚度方向的移动速度设定为0（$u_{s,x}^{zl} = 0$），纵向移动速度设定为拉坯速度（$u_{s,y}^{zl} = u_{cast}$）。

$$z^{suf} = \begin{cases} \dfrac{t_h}{2} & （Y1） \\[2mm] \dfrac{t_h}{2} - \dfrac{d_0}{2} \times \dfrac{(t_h/2 - t_{sl})f_1^{cent}}{t_h/2} \times \left\{ \cos\left[\dfrac{2\pi(y - y_2)}{d}\right] - 1 \right\} & （Y2） \\[2mm] \dfrac{t_h}{2} - \dfrac{d_0}{2} \times \dfrac{(t_h/2 - t_{sl})f_1^{cent}}{t_h/2} \times \left\{ \cos\left[\dfrac{2\pi(y - y_2)}{d}\right] - 1 \right\} - \dfrac{s(y - y_3)}{2(y_4 - y_3)} & （Y3） \\[2mm] \dfrac{t_h}{2} - \dfrac{d_0}{2} \times \dfrac{(t_h/2 - t_{sl})f_1^{cent}}{t_h/2} \times \left\{ \cos\left[\dfrac{2\pi(y - y_2)}{d}\right] - 1 \right\} - \dfrac{s}{2} & （Y4） \end{cases}$$

$$(4-1)$$

式中，z^{suf}为铸坯表面位置；s为扇形段的压下量；y_3和y_4分别为机械压下的起始和终点位置。

（2）在区域2（Y_2）中，铸坯逐渐进入二冷区。在钢水静压力的作用下，坯壳在支撑辊间发生鼓肚变形，驱动坯壳和两相区熔体移动。关于鼓肚变形对坯壳移动速度变化的影响在第 2 章和第 3 章已经详细介绍，此处不再具体展开。

（3）连铸坯进入机械压下的区域 3（Y3）中，在扇形段液压缸的驱动作用下，凝固坯壳向铸坯中心挤压，连铸坯厚度呈线性减小的趋势。在凝固末端机械压下的实施过程中，凝固坯壳向液相穴强制挤压。在铸坯厚度减小的同时，铸坯沿宽度和拉坯方向发生延展变形，然而在本模型中暂时不考虑连铸坯沿宽度方向的变形，仅考虑沿拉坯方向的延展，宽度方向的速度为 0。在 Wu 等[5-6]的研究过程中，认为扇形段中连铸坯的移动速度保持恒定或呈线性增加的趋势。在实际连铸过程中，凝固坯壳的变形应根据铸坯的凝固行为和生产条件而定。在压下区段中，连铸坯在拉坯方向的速度可通过式（4-2）计算：

$$u_{r,y}^{Y3} = \frac{u_{cast}w}{w - \int\limits_{y_3}^{Y}\left[\dfrac{s}{2(y_4 - y_3)}\eta\right]\mathrm{d}y} \quad (y_3 \leqslant Y \leqslant y_4) \tag{4-2}$$

式中，η 为压下效率。

在机械压下过程中，随着距弯月面距离的增加，连铸坯厚度线性减小，表面厚度方向的速度可通过式（4-3）确定：

$$u_{s,z}^{Y3,suf} = \frac{s}{2(y_4 - y_3)/u_{s,y}^{Y3}} \\ = \frac{s}{2(y_4 - y_3)}u_{s,y}^{Y3} \tag{4-3}$$

在机械压下过程中，两相区固相与液相间的相对流动会导致溶质元素的传输，因此对固相变形需要严格处理。模型中假设两相区中的固相属于连续介质，采用 Domitner 等[6]提出的 Nondivergence-free 条件，对固相变形进行描述，如式（4-4）所示。

$$\frac{\partial u_{s,x}^{Y3}}{\partial x} + \frac{\partial u_{s,y}^{Y3}}{\partial y} + \frac{\partial u_{s,z}^{Y3}}{\partial z} = 0 \tag{4-4}$$

在机械压下过程中，不考虑宽度方向的延展，所有该方向的速度梯度为 0，连铸坯纵向移动速度随纵坐标线性变化，对式（4-4）进行不定积分，得到式（4-5）：

$$u_{s,z}^{Y3} = C - \frac{\partial u_{s,y}^{Y3}}{\partial y}z \tag{4-5}$$

以铸坯表面形貌和固相移动速度为边界条件，如式（4-1）和式（4-3）所示，最终确定式（4-5）中的常数 C 值。铸坯两相区中固相厚度方向的移动速度可通过式（4-6）表示[4]：

$$u_{r,z}^{Y3} = \frac{s}{2(y_4 - y_3)}u_{r,y}^{Y3} + \frac{\partial u_{r,y}^{Y3}}{\partial y}\left[\frac{t_h}{2} - \frac{s(y - y_3)}{2(y_4 - y_3)} - z\right]$$

$$= \frac{s}{2(y_4 - y_3)}u_{r,y}^{Y3} + \frac{u_{cast}t_h\dfrac{s}{2(y_4 - y_3)}\eta}{\left\{t_h - \displaystyle\int_{y_3}^{Y}\left[\dfrac{s}{2(y_4 - y_3)}\eta\right]\mathrm{d}y\right\}^2}\left[\frac{t_h}{2} - \frac{s(y - y_3)}{2(y_4 - y_3)} - z\right] \quad (4\text{-}6)$$

（4）在区域4中，铸坯已经从压下区间中拉出进入后续冷却阶段。其中，在扇形段的压下过程中，铸坯沿拉坯方向发生延展变形，导致纵向移动速度增加。通过对式（4-2）进行定积分，得到铸坯在区域3交界处的纵向移动速度，见式（4-7）[4]。由于在区域4中铸坯厚度不再发生变化，所以厚度方向速度也不再受末端机械压下的影响。

$$u_{s,y}^{z3} = \frac{u_{cast}w}{w - \displaystyle\int_{y_3}^{y_4}\left[\dfrac{s}{2(y_4 - y_3)}\eta\right]\mathrm{d}y} \quad (4\text{-}7)$$

在板坯连铸凝固过程中，柱状晶相的移动速度同时受到铸坯的鼓肚变形和坯壳挤压的影响。通过建立三维多相凝固模型，可详细分析机械压下对两相区液相流动和溶质传输行为的影响，以研究机械压下量和压下区间对铸坯中心偏析的影响规律，如图4-3所示。

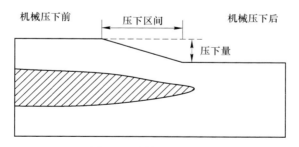

图 4-3　连铸坯压下示意图

4.2　压下量的影响

连铸过程中，机械压下通过二冷区扇形段的支撑辊进行，本节模型的设置位置为第5段和第6段，压下区间的起始和结束位置分别距弯月面的距离为13 m和17 m，如图4-4所示。由于连铸坯凝固坯壳的非均匀性，在压下区间内，连铸坯中心位置基本已经凝固，而连铸坯宽面四分之一位置处的凝固相对滞后，仍存在少部分液相。

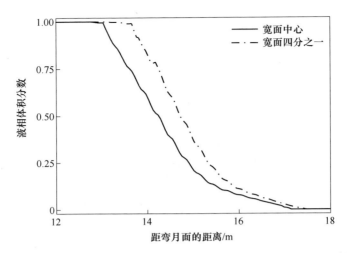

图 4-4　连铸坯宽面中心和四分之一位置处的液相体积分数变化[4]

  图 4-5 为不同压下量条件下连铸坯的表面形貌变化，由于鼓肚变形的存在，连铸坯在各支撑辊间不断波动。随着距弯月面距离的增加，坯壳厚度增加，连铸坯表面的鼓肚变形量明显减小。在机械压下区间范围内，连铸坯厚度呈线性减小趋势，尤其是在较大压下量的条件下，坯壳厚度减小更为明显。当连铸坯离开压下区间后，厚度不再发生明显变化。

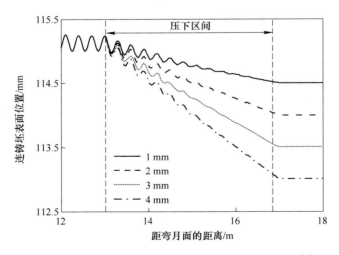

图 4-5　不同压下量条件下连铸坯的表面形貌变化[4]

  图 4-6 为连铸坯宽面中心溶质偏析沿拉坯方向的分布特征，从图中可以看出，随着距弯月面距离的增加，连铸坯中心偏析程度呈现波动性增大，这主要是

由于坯壳鼓肚变形促进了两相区溶质富集的液相与中心液相的对流扩散传输，尤其是在连铸坯凝固终点附近，溶质偏析程度的增大趋势更为明显。在机械压下作用下，凝固坯壳向铸坯芯部施加一定压下力，挤压两相区熔体向相反方向流动，从而减少连铸坯宽面中心的偏析缺陷。在较大压下量条件下，凝固后期铸坯中心偏析程度降低更加明显。随着机械压下量从 1 mm 增加到 4 mm，连铸坯宽面中心的碳偏析指数从 1.145 降低到 1.066，表明连铸坯内部质量得到了提升。

　　图 4-7 为不同压下量条件下连铸坯宽面中心液相纵向流动速度沿拉坯方向的分布特征。由于连铸坯鼓肚变形的存在，中心液相流动速度呈现周期性波动，尤

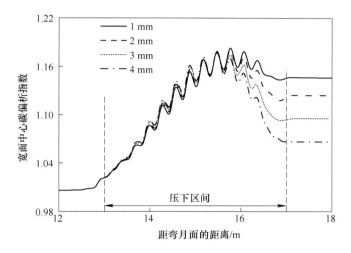

图 4-6　连铸坯宽面中心溶质偏析沿拉坯方向的分布[4]

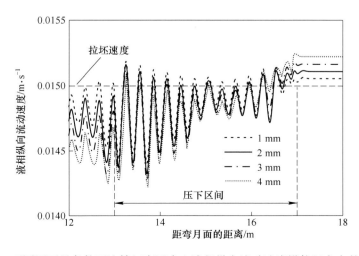

图 4-7　不同压下量条件下连铸坯宽面中心液相纵向流动速度沿拉坯方向的分布[4]

其是中心开始凝固后，鼓肚变形的影响更加显著。在压下区间内，由于坯壳的挤压作用，液相的纵向流动速度低于拉坯速度，这说明液相向未凝固区域流动。在压下区间之后，液相流动速度高于拉坯速度，这主要是由于机械压下导致连铸坯产生延展变形，促进纵向流动速度的增加。压下量越大，纵向流动速度越大。

图 4-8 为不同压下量条件下连铸坯宽面中心的液相体积分数变化情况，从图中可以看出，随着压下量的增加，连铸坯宽度方向中心位置处的凝固终点逐渐前移。这是由于坯壳挤压作用下，促进溶质富集的液相向未凝固区域流动，导致铸坯中心液相明显减少，溶质偏析程度降低，凝固终点向前推移，尤其是在较大压下量时，连铸坯凝固终点前移更加明显。

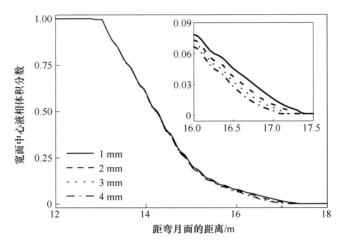

图 4-8　不同压下量条件下连铸坯宽面中心的液相体积分数变化[4]

机械压下不仅影响连铸坯宽面中心位置的偏析，还影响连铸坯宽度方向四分之一位置处的中心偏析，如图 4-9 所示。随着距弯月面距离的增加，连铸坯偏析逐渐形成。与连铸坯宽面中心处的溶质偏析变化规律不同，随着压下量的增加，连铸坯宽度方向四分之一位置处的偏析呈反向增加的趋势，尤其是在较大压下量条件下，中心偏析程度更为恶化。

图 4-10 为压下区间内液相宽度方向流动速度沿连铸坯宽度方向的变化情况。在机械压下作用下，连铸坯宽面右侧厚度方向流动速度为正值，而连铸坯宽度方向左侧流动速度为负值，说明在坯壳挤压作用下，连铸坯中心液相从铸坯中心向窄面移动。由于两相区液相富集了溶质元素，在对流传输过程中，溶质元素从铸坯宽面中心向宽面四分之一位置处对流扩散。因此，随着机械压下量的增加，连铸坯宽面中心处的溶质偏析程度明显降低，而宽面四分之一位置处的中心偏析程度显著增大。

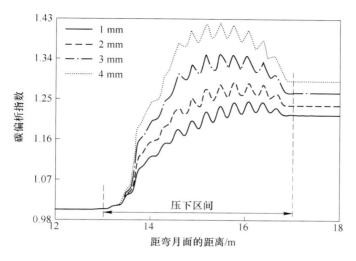

图 4-9 不同压下量条件下连铸坯宽度方向四分之一位置处的中心偏析分布[4]

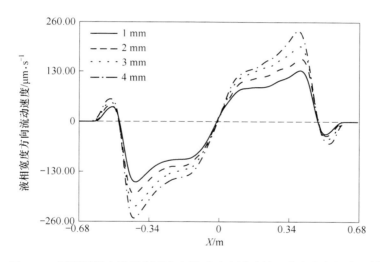

图 4-10 压下区间内液相宽度方向流动速度沿连铸坯宽度方向的变化[4]

图 4-11 为机械压下作用下连铸坯的凝固缺陷分布,可以看出,连铸坯四分之一位置处存在明显的中心偏析缺陷,而中部偏析程度相对较小。此外,在连铸坯中部发现带状的通道偏析,这是由于连铸坯宽面中心的坯壳厚度大,而四分之一处的坯壳厚度薄,在机械压下作用下,溶质富集的液相从宽面中心向边部流动。随着连铸坯的逐渐凝固,在中部附近形成通道偏析,反映了两相区熔体的流动特征。

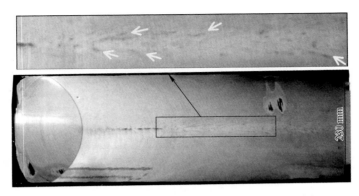

图 4-11　机械压下作用下连铸坯的凝固缺陷分布[4]

图 4-12 为连铸坯宽面四分之一位置处的液相体积分数沿拉坯方向的变化情况，可以看出，在机械压下作用下，连铸坯宽面四分之一位置处的凝固终点向后推移。主要有两方面的原因：一是坯壳挤压作用促进宽面中心液相向宽面四分之一位置流动，导致该位置的液相增多；二是坯壳挤压作用，向宽面四分之一位置流动的液相富集大量的溶质元素，明显降低了该处钢的凝固液相线和固相线温度，造成局部凝固滞后。

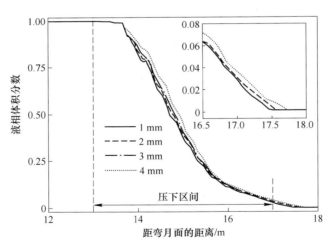

图 4-12　连铸坯宽面四分之一位置处的液相体积分数沿拉坯方向的变化[4]

图 4-13 为连铸坯中心偏析沿宽度方向的分布特征，可以看出，在连铸坯宽面中心偏析较小，而四分之一位置处的碳偏析指数相对较大。在机械压下作用下，连铸坯宽面中心处的溶质偏析程度减小，而四分之一位置处的碳偏析指数增大。这主要是由于坯壳厚度中间大而边缘小，在坯壳挤压作用下，溶质富集的液

相从连铸坯宽面中心向宽面四分之一位置流动，造成宽面四分之一位置处的溶质偏析程度增大。

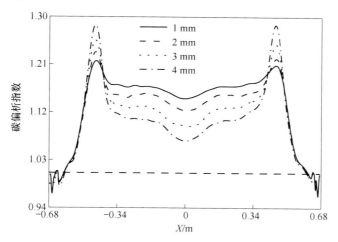

图 4-13　连铸坯中心偏析沿宽度方向的分布[4]

　　图 4-14 为机械压下量为 4 mm 时连铸坯横截面的溶质偏析分布特征。可以看出，连铸坯宽面中心溶质偏析程度较小，而在四分之一位置处偏析程度较大，这主要是由于坯壳挤压作用导致溶质富集的液相从宽面中心向四分之一位置流动。在连铸坯窄面附近还存在一定的负偏析，这主要是由于结晶器浸入式水口侧孔喷出的高温钢液对连铸坯窄面进行冲刷，降低了两相区的溶质浓度，造成窄面边部局部溶质浓度较低。

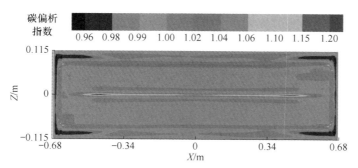

图 4-14　连铸坯横截面的溶质偏析分布[4]

图 4-14 彩图

4.3　压下区间的影响

　　在连铸过程中，影响连铸坯质量的一个主要因素是机械压下区间。实际生产过程中，连铸机扇形段长度普遍在 2 m 左右，本节旨在研究不同压下区间位置对两相区熔体流动和溶质传输的影响，压下区间位置起始段选择 13.0~16.5 m，如图 4-15 所示。

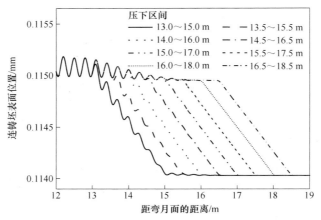

图 4-15　不同压下区间对连铸坯表面形貌的影响[4]

　　图 4-16 为连铸坯宽度方向中心处不同压下区间位置起点和终点的液相体积分数。当压下位置为 13.0~15.0 m 时，压下区间起点连铸坯未开始凝固，终点处连铸坯中心仍存在部分液相。随着压下区间位置向后推移，起点和终点处的连铸坯中心液相体积分数降低。当压下区间位置移动至 15.0~17.0 m 时，压下区间位置终点处的连铸坯宽面中心基本完全凝固，表明该区间覆盖了连铸坯宽面中心的凝固终点。随着压下位置继续向后推移，压下区间位置起点处的液相体积分数进一步降低，当压下区间位置移动至 16.5~18.5 m 时，连铸坯宽面中心已经完全凝固，机械压下对连铸坯偏析不再产生影响。

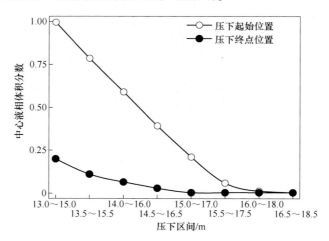

图 4-16　不同压下区间宽面中心的液相体积分数变化[4]

　　图 4-17 为不同压下区间对连铸坯宽面中心溶质偏析的影响。可以看出，随着压下区间向后推移，连铸坯宽面中心的偏析程度呈降低趋势，这主要是由于压下区间内连铸坯中心液相体积分数降低。当压下区间为 15.0 ~ 17.0 m 时，连铸坯宽面中心的偏析达到最小值，这是由于连铸坯宽面中心在此压下区间内完全凝固。当压下区间位置继续向后推移时，连铸坯宽面中心处的溶质偏析程度呈反向升高趋势，这是由于在压下区间末端连铸坯已经完全凝固，而压下区间起始位置的连铸坯中心液相体积分数进一步降低。当压下位置为 16.5 ~ 18.5 m 时，压下区间内连铸坯宽面中心基本完全凝固，对溶质偏析产生的影响很小。

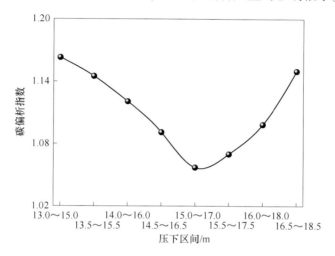

图 4-17　不同压下区间对连铸坯宽面中心溶质偏析的影响[4]

　　由于连铸坯在宽度方向上的坯壳厚度不同，凝固末端呈现 W 形分布，即连铸坯宽面中心的凝固较早，而宽面四分之一位置处的凝固相对滞后。图 4-18 为不同压下区间下连铸坯宽面四分之一位置处的液相体积分数变化情况。当压下区间的起始位置在 13.5 m 之前时，连铸坯宽面四分之一位置尚未开始凝固。随着压下区间位置后移，连铸坯宽面四分之一位置开始凝固。当压下区间位置向后推移至 15.5 ~ 17.5 m 时，终点处连铸坯宽面四分之一位置已经完全凝固。

　　图 4-19 为不同压下区间对连铸坯宽面四分之一位置处中心偏析的影响规律。从图中可以看出，当压下区间从 13.0 ~ 15.0 m 推移至 14.5 ~ 16.5 m 时，连铸坯宽面四分之一位置处的溶质偏析程度逐渐上升，这主要是因为宽面中心坯壳较厚，而宽面四分之一位置的坯壳较薄，在坯壳挤压作用下，宽面中心的液相向四分之一位置移动，造成连铸坯边部溶质富集。当压下位置继续向后推移时，连铸坯四分之一位置的偏析程度开始降低，这是由于此时宽面中心完全凝固，在坯壳挤压作用下溶质富集的液相无法向宽面四分之一位置迁移。随着压下区间进一步

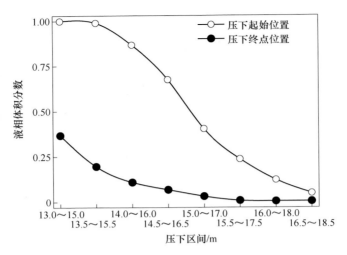

图 4-18　不同压下区间下连铸坯宽面四分之一位置处的液相体积分数变化[4]

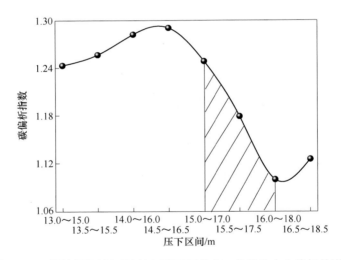

图 4-19　不同压下区间对连铸坯宽面四分之一位置处中心偏析的影响[4]

推移至 16.0~18.0 m 时，在压下区间内连铸坯宽面四分之一位置开始凝固，机械压下作用明显减弱。因此，随着压下区间的继续向后推移，连铸坯中心偏析程度呈现反向上升趋势。

　　图 4-20 为压下区间在 16.0~18.0 m 时，距弯月面 17.0 m 处连铸坯宽度方向的液相体积分数和宽度方向流动速度变化情况。可以看出，此位置处宽面中心的连铸坯已经完成凝固，在坯壳挤压变形条件下，向四分之一位置流动的高溶质液相明显减少。

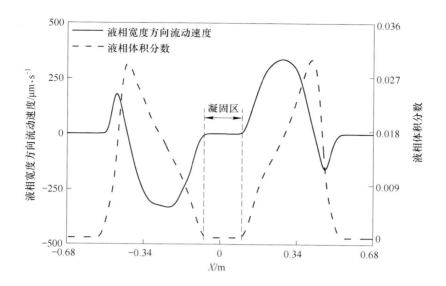

图 4-20 距弯月面 17.0 m 处连铸坯宽度方向的液相体积分数和宽度方向流动速度变化情况[4]

图 4-21 为连铸坯宽面四分之一位置处中心偏析沿拉坯方向的分布特征，可以看出，随着距弯月面距离的增加，宽面四分之一位置处中心偏析程度呈上升趋势，这主要是由于坯壳鼓肚变形促进溶质元素向铸坯中心对流扩散传输。当压下区间从 13.0~15.0 m 推移至 14.5~16.5 m 时，连铸坯凝固后期的中心偏析程

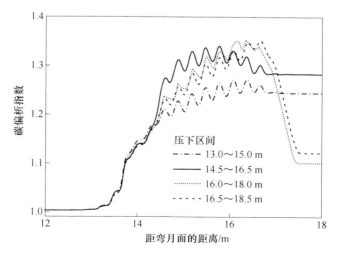

图 4-21 连铸坯宽面四分之一位置处中心偏析沿拉坯方向的分布[4]

度明显增大，这是由于坯壳挤压促进溶质富集的液相从宽面中心向宽面四分之一位置移动。当压下区间位置推移至 16.0~18.0 m 时，压下区间覆盖了连铸坯宽面四分之一位置处，中心偏析程度下降。随着压下区间继续向后推移，连铸坯宽面四分之一位置在压下区间内完全凝固，机械压下效果开始减弱。

由于连铸坯的凝固呈现 W 形特征，压下区间对宽面四分之一位置与宽面中心的溶质偏析影响规律存在一定差异。在本章研究过程中，认为最佳压下区间应该在 15.0~17.0 m 至 16.0~18.0 m 范围内，此时压下区间内连铸坯宽面中心已经完全凝固，而宽面四分之一位置仍存在部分液相，且宽面四分之一位置处的中心偏析程度呈下降趋势，而宽面中心的溶质偏析程度仍处于较低水平，在此区间进行机械压下时，连铸坯的内部质量得到提高。

4.4　小结

通过耦合连铸多相凝固模型与机械压下模型，分析了坯壳在挤压变形条件下连铸坯凝固两相区的熔体传输行为，研究了不同压下量和压下区间对连铸坯中心偏析的影响规律。由于连铸坯在宽度方向上凝固坯壳厚度的差异，压下区间对宽面中心和宽面四分之一位置的中心偏析影响规律有所不同，存在最佳的压下区间，研究结果可为优化连铸机械压下工艺参数提供理论指导。

参 考 文 献

[1] 朱苗勇. 现代冶金工艺学——钢铁冶金卷 [M]. 3 版. 北京: 冶金工业出版社, 2023.

[2] JIANG D B, WANG W, LUO S, et al. Numerical investigation of the formation mechanism and control strategy of center segregation in continuously casting slab [J]. Steel Research International, 2018, 89 (8): 1800194.

[3] JIANG D B, ZHU M Y. Flow and solidification in billet continuous casting machine with dual electromagnetic stirrings of mold and the final solidification [J]. Steel Research International, 2015, 86 (9): 993-1003.

[4] JIANG D B, ZHANG L F, ZHU M Y. Center segregation evolution in slab continuous casting with mechanical reduction: A 3D simulation [J]. Steel Research International, 2022, 93 (5): 2100569.

[5] WU M, DOMITNER J, LUDWIG A. Using a two-phase columnar solidification model to study the principle of mechanical soft reduction in slab casting [J]. Metallurgical and Materials Transactions A, 2012, 43 (3): 945-964.

[6] DOMITNER J, WU M, KHARICHA A, et al. Modeling the effects of strand surface bulging and mechanical soft reduction on the macrosegregation formation in steel continuous casting [J]. Metallurgical and Materials Transactions A, 2014, 45 (3): 1415-1434.

5　连铸坯宏观偏析控制实践

在凝固过程中，钢中的碳、磷、硫等溶质元素在固相与液相中的溶解度不同，不断从固相中排出并富集于液相，在热溶质浮力、凝固收缩、坯壳变形等作用下，溶质富集的液相与贫瘠的固相发生相对移动，导致连铸坯在凝固末期形成偏析缺陷[1]。在后续热处理过程中，中心偏析会引发组织转变不均匀，并在轧制中造成带状组织粗大，严重影响钢材的力学性能和产品的稳定性[2]。连铸机械压下技术是在铸坯凝固末端施加一定的压下量，通过挤压凝固坯壳，补偿两相区凝固过程的体积收缩，促进熔体流动和溶质的二次分布，最终达到减少或消除中心偏析的目的。目前，连铸机械压下技术已经成为改善铸坯中心偏析的主要手段，在连铸生产实践过程中得到广泛应用[3]。

在连铸过程中，坯壳厚度是反映铸坯凝固进程的重要参数，能够反映二次冷却制度和连铸工艺参数的合理性。结合建立的凝固传热模型，可预测连铸坯中心液相体积分数变化和坯壳的生长规律，从而确定连铸坯凝固末端位置。本章通过射钉实验测定典型钢种的凝固坯壳厚度，验证凝固传热模型的准确性，计算连铸坯的凝固末端位置，进而优化机械压下区间并开展相应工业试验，以提高连铸坯的内部质量。

5.1　连铸生产参数

国内某钢厂板坯连铸机生产铸坯的断面尺寸为 260 mm×1700 mm。连铸机总长度为 27.719 m，其中结晶器有效高度为 0.8 m，二冷区有 14 个扇形段，划分了 10 个二冷区。该连铸机以中碳钢为主，如 Q345 钢，该钢种主要元素成分见表 5-1。在连铸生产过程中，板坯的拉坯速度为 0.85 m/min，中间包过热度控制在 20~30 ℃ 范围内进行浇铸。

表 5-1　Q345 钢的主要成分[4]

元素	C	Si	Mn	P	S
含量（质量分数）/%	0.17	0.25	1.5	0.02	0.01

在浇铸过程中，当拉坯速度为 0.85 m/min 时，结晶器水流量和进出口温差见表 5-2。结晶器铜板宽面水流量为 3200 L/min，窄面冷却水流量为 400 L/min，

进口温度为 30.5 ℃，宽面进出口水的平均温差为 8.9 ℃，窄面进出口水的平均温差为 8.2 ℃。

表 5-2　结晶器冷却水参数[4]

位置	水流量/L·min⁻¹	进口温度/℃	进出口温差/℃
宽外	3200		9.0
宽内	3200	30.5	8.8
窄右	400		8.1
窄左	400		8.3

连铸坯进入二冷区后，随着表面温度降低，冷却水流量逐渐减小，二冷区各区喷淋水量见表 5-3。在该钢种生产中，为了降低表面裂纹的发生率，二冷区采用弱冷生产工艺，比水量为 0.59 L/kg。

表 5-3　二冷区各区喷淋水量[4]　　　　　　　　　（L/min）

位置	足辊区	1 段上	1 段中	1 段下	2~3 段	4~6 段	7~8 段	9~11 段	12~13 段	14~15 段
内弧					26.6	12.3	6.5	5.9	65.4	20.1
外弧	131.7	246.5	221.4	202.2	83.9	78.9	99.5	89.1	139.1	115.0
窄面	86.6	—	—	—	—	—	—	—	—	—

5.2　凝固末端位置确定

在板坯连铸过程中，由于受到浸入式水口侧孔高温钢液冲刷和二冷喷嘴结构布置的影响，板坯宽面四分之一位置处的温度高于宽面中心部位，连铸坯宽度方向上凝固位置存在差异。目前测定连铸坯坯壳厚度主要有两种方法：一是通过表面测温方法获得连铸坯不同位置的温度，再通过建立数学模型，计算连铸坯凝固进程，以获得不同位置坯壳的厚度分布；二是通过射钉实验方法，测量特定位置处的连铸坯坯壳厚度。射钉法具有测量准确、成本低廉、普及性强等特点，是测量坯壳厚度常用的方法[5]。其基本原理是通过射钉枪将装有低熔点硫化物示踪剂的钉子射入铸坯，若连铸坯存在液芯，则硫化物在液芯处熔化并大范围扩散；若连铸坯已完全凝固，硫化物则难以扩散，仍保持原来形貌。在生产实践中，通过腐蚀连铸坯试样，可观测硫化物的扩散分布情况，以确定连铸坯坯壳和液芯的厚度。图 5-1 为带硫化物的射钉。

为了研究连铸坯宽面中心和四分之一位置处的凝固差异，本书采用射钉实验方法在连铸机第 8 扇形段末端分别对宽面中心与四分之一位置处同时进行射钉，图 5-2 为连铸坯射钉枪安装示意图。为了尽可能保证钉子能够垂直射入连铸坯

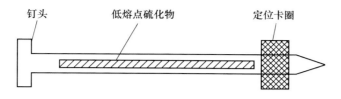

图 5-1 射钉枪的钉子示意图

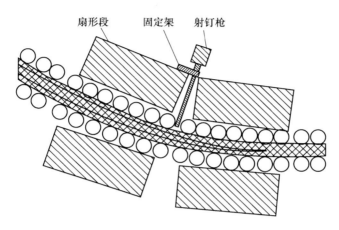

图 5-2 射钉枪安装示意图

内，射钉枪应垂直于连铸坯表面安装。射钉枪枪口应在扇形段支撑辊中心线的下方，以保证连铸设备的安全运行。实验时，考虑到射钉枪的结构安全性，射钉枪应用钢板支架进行固定。操作过程中，为了避免支架造成扇形段辊缝难以调整，射钉枪支架可焊接在扇形段上，射钉枪枪口位置距离连铸坯表面上方 5~10 cm 处。

在连铸机第 8 扇形段末端宽面中心位置处进行射钉，连铸坯通过火焰切割，冷却后经切削、刨磨、酸洗腐蚀，获得连铸坯低倍腐蚀试样，如图 5-3 所示。从图中可以清晰看出钉子形貌，在距铸坯内弧表面 111~141 mm 范围内，硫化物向两侧扩散明显，这主要是因为硫化物熔点较低，当处于液芯时，硫化物会完全熔化并随流体流动扩散。通过实验测量，第 8 扇形段末端连铸坯宽面中心的液芯厚度为 30 mm，内弧侧连铸坯坯壳厚度为 111 mm，第 8 扇形段出口处距弯月面 20.292 m。通过式（5-1）计算[6]，Q345 钢宽度方向中心处的凝固系数为 22.72 mm/min$^{0.5}$。

$$\delta = K_m \left(\frac{L}{v_{cast}} \right)^{0.5} \tag{5-1}$$

式中，δ 为坯壳厚度，mm；K_m 为凝固系数，mm/min$^{0.5}$；L 为距弯月面的距离，m；v_{cast} 为连铸坯的拉坯速度，m/min。

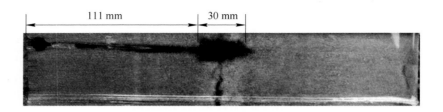

图 5-3　第 8 扇形段末端连铸坯宽面中心的低倍腐蚀试样[4]

图 5-3 彩图

　　图 5-4 为连铸坯在第 8 扇形段末端宽度方向四分之一位置处的低倍腐蚀试样。与连铸坯宽面中心类似，可以清晰地看出钉子形貌和硫化物的扩散痕迹，在距铸坯表面 108～141 mm 范围内，硫化物明显向两侧扩散，因此液芯厚度为 33 mm。此外，通过低倍组织腐蚀，还能获得内弧侧坯壳厚度为 108 mm。射钉位置距弯月面 20.292 m，通过计算，连铸坯宽度方向四分之一位置处的凝固系数为 22.10 mm/min$^{0.5}$，而宽面中心的凝固系数为 22.72 mm/min$^{0.5}$，说明宽面中心的连铸坯凝固速率较快，而四分之一位置处的连铸坯相对较慢。从另一方面也说明连铸坯凝固末端形貌呈 W 形，这主要与连铸坯冷却凝固特性相关。

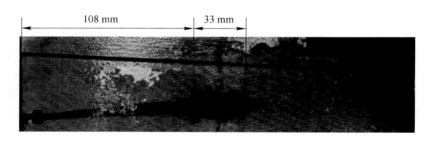

图 5-4　第 8 扇形段末端连铸坯宽面四分之一位置处的低倍腐蚀试样[4]

图 5-4 彩图

　　为了确定连铸坯的凝固末端位置，通过建立二维凝固传热模型，计算连铸坯宽面中心和四分之一位置处的凝固终点位置，连铸坯坯壳厚度随距弯月面距离的变化如图 5-5 所示。根据连铸坯射钉实验研究结果，可获得连铸机第 8 扇形段末端的坯壳厚度，以验证建立的数学模型的准确性。可以看出，随着距弯月面距离的增加，连铸坯坯壳的厚度逐渐增大，连铸坯宽面中心的凝固终点在距弯月面 22.4 m 处，而宽面四分之一位置处的凝固终点在距弯月面 23.3 m 处。通过模拟计算，可获得不同位置处连铸坯凝固末端的位置，这为开展机械压下工艺参数的优化奠定了基础。

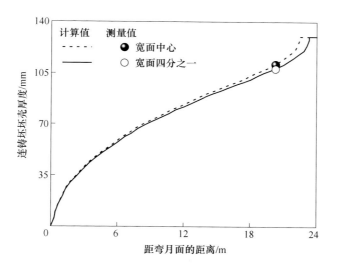

图 5-5 连铸坯坯壳厚度随距弯月面距离的变化[4]

5.3 连铸坯中心偏析改善

连铸机第 8 和第 9 扇形段末端距弯月面的距离分别为 20.292 m 和 22.395 m，因此在拉坯速度为 0.85 m/min 的条件下，连铸坯宽面中心和四分之一位置在第 8 扇形段末端并未完全凝固。当前的轻压下技术方案见表 5-4。可以看出，压下位置分别位于第 6、7、8 扇形段，压下区间尚未覆盖连铸坯的凝固末端，因此需要对压下区间进行调整。在连铸机上，扇形段的移动是通过控制液压缸位移进行的。在靠近凝固末端附近，芯部液相较少，连铸坯接近完全凝固，抵抗力很大。传统连铸机扇形段的液压缸最大承受压力有限，在连铸坯凝固末端进行压下，极其容易导致液压缸压力超标而报警，无法对连铸坯进行有效压下。通过分析认为，可将压下区间后移一个扇形段，在第 7、8、9 扇形段进行压下，各扇形段的压下量分别为 2.3 mm、2.3 mm、3 mm，此时连铸坯宽面中心接近完全凝固，但四分之一位置仍有部分液相。此外，在试验过程中需关注液压缸压力报警。

表 5-4 中碳钢轻压下方案[4]

扇形段	原方案/mm	试验方案/mm
6 段	2.3	0
7 段	2.3	2.3
8 段	3.0	2.3
9 段	0	3.0

　　图 5-6 （a）~（c）为修改方案后的连铸坯宽度方向左侧、中部、右侧的偏析分布，图 5-6 （d）~（f）为原方案的连铸坯低倍组织腐蚀情况。可以看出，在原方案条件下，连铸坯左侧和右侧均存在较为明显的偏析缺陷，其中左侧偏析尤为严重，在连铸坯中部能够看出两相区熔体流动形成的溶质重新分布的痕迹。这说明在坯壳挤压作用下，两相区熔体从中部向左侧边部流动，以致左侧边部偏析较为严重。通过修改压下方案，将压下区间向后推移，连铸坯偏析得到了较大幅度的改善，中心偏析明显减轻。由此可以看出，将压下区间向后推移有利于连铸坯中心偏析缺陷的改善。然而在生产实践中，凝固末期芯部液相减少，连铸坯抵抗力增加，扇形段液压缸压力明显增大。

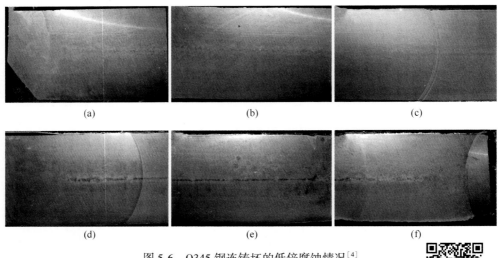

图 5-6　Q345 钢连铸坯的低倍腐蚀情况[4]

（a）优化后连铸坯左侧偏析分布；（b）优化后连铸坯中部偏析分布；
（c）优化后连铸坯右侧偏析分布；（d）优化前连铸坯左侧偏析分布；
（e）优化前连铸坯中部偏析分布；（f）优化前连铸坯右侧偏析分布

图 5-6 彩图

　　Q460 钢与 Q345 钢的固液相线温度接近，因此在连铸过程中采用相似的压下工艺。图 5-7 （a）~（c）为修改方案后的连铸坯宽度方向左侧、中部、右侧的偏析分布，图 5-7 （d）~（f）为原方案的连铸坯低倍组织腐蚀情况。可以看出，在修改方案前，连铸坯存在较为明显的中心偏析缺陷，尤其是中部和左侧较为明显，可能是受到连铸机辊缝偏差的影响。在修改方案后，从低倍组织上能够看出连铸坯中心偏析得到了明显改善，中心偏析缺陷显著降低。

　　在国内某钢厂厚度 260 mm 的板坯连铸机上开展试验，经过一段时间的生产应用，对采用原方案和试验方案的连铸坯低倍评级记录进行统计，分析不同压下工艺条件下连铸坯的偏析等级，见表 5-5。从表中可以看出，采用试验方案生产后，铸坯低倍 C 类 1.5 级偏析所占比例从 88% 提升至 95%，C 类 1.0 级偏析所占

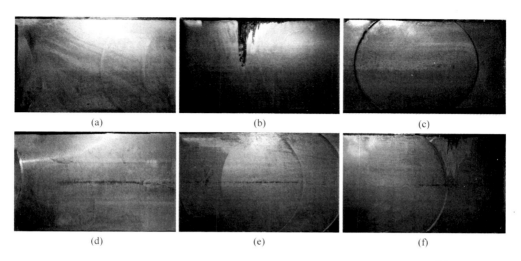

图 5-7　Q460 钢连铸坯的低倍腐蚀情况[4]
（a）优化后连铸坯左侧；（b）优化后连铸坯中部；
（c）优化后连铸坯右侧；（d）优化前连铸坯左侧；
（e）优化前连铸坯中部；（f）优化前连铸坯右侧

图 5-7 彩图

比例从原来的 58% 提高到 65% 以上。由此可以看出，通过修改机械压下工艺参数，连铸坯内部质量明显提高，为轧材的质量控制与提升奠定了基础。

表 5-5　中碳钢连铸坯低倍评级[4]

低倍级别	原始方案/%	试验方案/%
C 类 1.5 级	88	不小于 95
C 类 1.0 级	58	不小于 65

5.4　小结

连铸坯中心偏析缺陷普遍存在，且宏观偏析缺陷很难消除，会遗传至轧材芯部，导致轧材性能大幅度波动，严重时可直接导致板材分层报废。在连铸过程中，通过调整连铸机械压下工艺参数，能够促进两相区熔体流动和溶质的二次分布，降低中心偏析程度，提高连铸坯质量。其中，压下区间位置是影响连铸坯偏析改善的重要参数，直接影响了连铸坯偏析程度。本章通过射钉实验和凝固传热模型，确定了连铸坯坯壳厚度和凝固末端位置。在机械压下试验中，调整压下区间位置，降低了连铸坯偏析程度。通过工业生产试验，证明此方法可有效提升连铸坯内部质量。

参 考 文 献

［1］GHOSH A. Segregation in cast products ［J］. Sadhana, 2001, 26 (1): 5-24.

［2］LESOULT G. Macrosegregation in steel strands and ingots: Characterisation, formation and consequences ［J］. Materials Science and Engineering A, 2005, 413: 19-29.

［3］JI C, LUO S, ZHU M Y, et al. Uneven solidification during wide-thick slab continuous casting process and its influence on soft reduction zone ［J］. ISIJ International, 2014, 54 (1): 103-111.

［4］周素强, 成旭东, 姜东滨, 等. 邯钢中碳微合金钢板坯轻压下位置优化 ［J］. 中国冶金, 2018, 28 (8): 17-21.

［5］谢桂强, 徐李军, 邹锦忠, 等. 射钉法在铸坯凝固终点预报模型中的应用 ［J］. 中国冶金, 2016, 26 (3): 42-46.

［6］朱苗勇. 现代冶金工艺学——钢铁冶金卷 ［M］. 3 版. 北京: 冶金工业出版社, 2023.

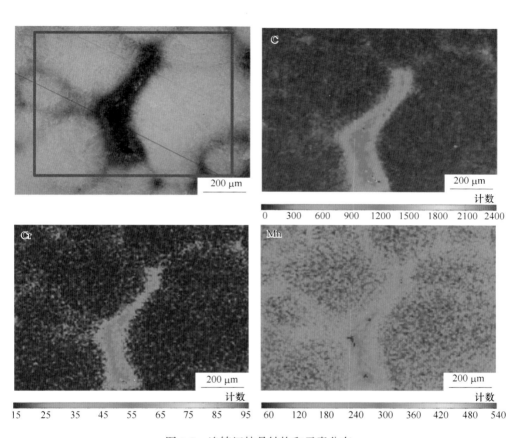

图 1-3 连铸坯枝晶结构和元素分布

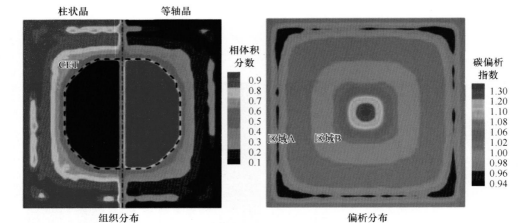

图 1-16　连铸坯凝固组织和溶质偏析分布

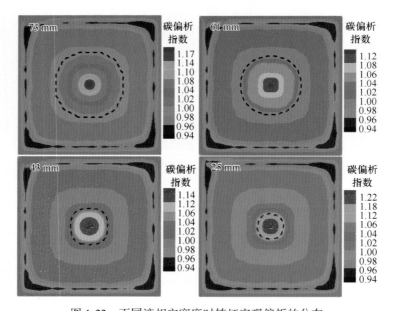

图 1-22　不同液相穴宽度时铸坯宏观偏析的分布

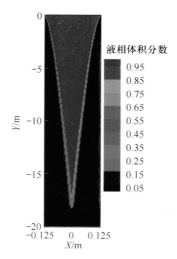

图 2-8　连铸坯纵截面的液相体积分数分布

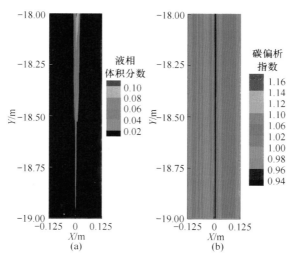

图 2-46　连铸坯凝固终点纵截面的液相体积分数（a）和溶质偏析（b）分布

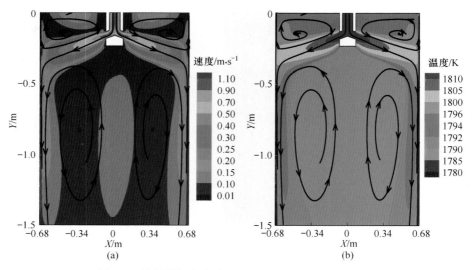

图 3-3　结晶器钢液流动速度（a）和温度（b）分布

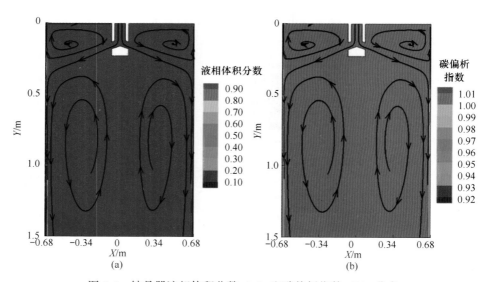

图 3-4　结晶器液相体积分数（a）和碳偏析指数（b）分布

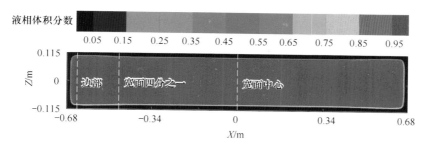

图 3-5　结晶器出口处坯壳厚度分布

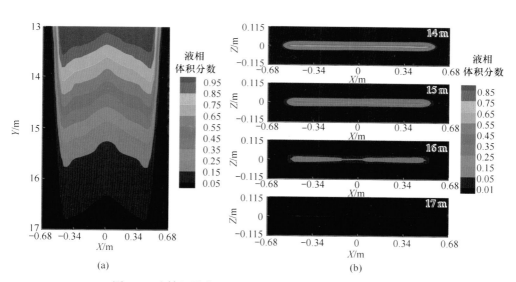

(a)

(b)

图 3-7　连铸坯纵截面（a）和横截面（b）的凝固行为

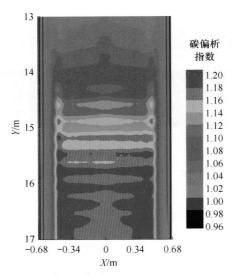

图 3-11　连铸坯纵截面的溶质偏析分布

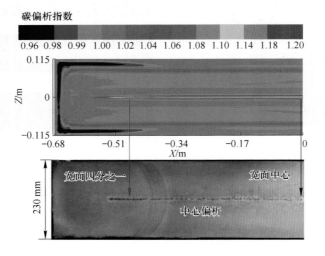

图 3-13　连铸坯横截面的溶质偏析分布

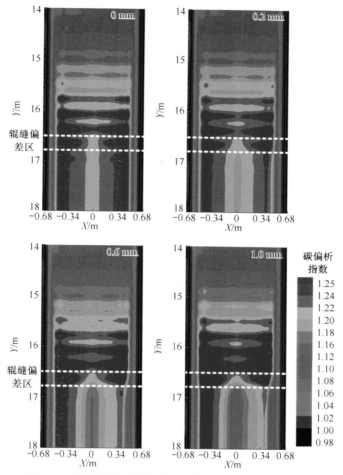

图 3-24　不同辊缝偏差条件下连铸坯纵截面的偏析分布

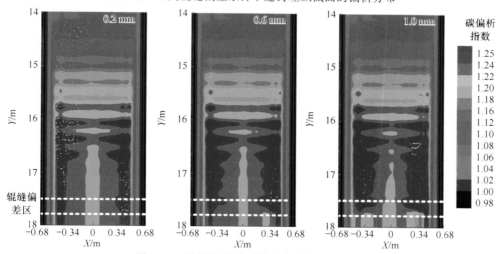

图 3-30　辊缝偏差量对纵向溶质偏析的影响

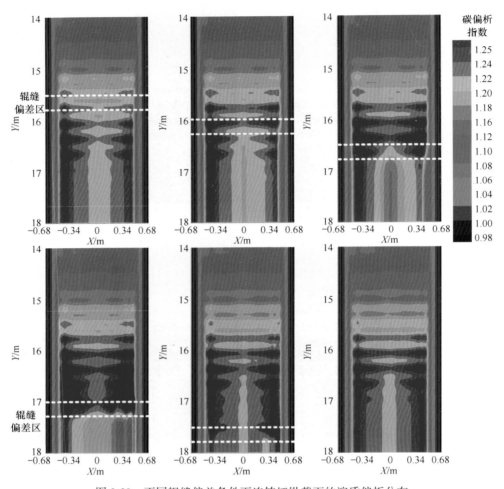

图 3-39　不同辊缝偏差条件下连铸坯纵截面的溶质偏析分布

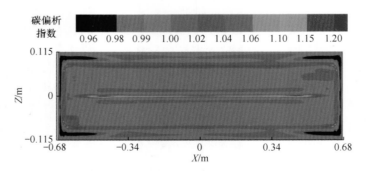

图 4-14　连铸坯横截面的溶质偏析分布